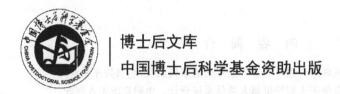

博士后文库
中国博士后科学基金资助出版

电磁直驱无人驾驶机器人
动态特性与控制

陈　刚　著

国家自然科学基金项目（编号：51675281、51205208）研究成果

科学出版社

北　京

内 容 简 介

本书比较全面系统地介绍了著者十余年来的研究成果。全书共分8章，内容主要包括电磁直驱无人驾驶机器人总体系统设计、电磁直驱无人驾驶机器人动态特性及智能优化、无人驾驶机器人电磁直驱控制及联合仿真、车辆性能自学习及无人驾驶机器人协调控制、无人驾驶机器人车速跟踪智能控制策略研究、电磁直驱无人驾驶机器人车辆路径及速度解耦控制。

本书可作为车辆工程、装甲车辆工程、载运工具运用工程、机械工程及自动化、机械电子工程、交通工程、电子信息、计算机、电气工程及自动化等专业的研究生或工程技术人员的参考书。

图书在版编目(CIP)数据

电磁直驱无人驾驶机器人动态特性与控制/陈刚著. —北京：科学出版社，2017

(博士后文库)

ISBN 978-7-03-055379-9

Ⅰ. ①电… Ⅱ. ①陈… Ⅲ. ①无人驾驶-机器人 Ⅳ. ①TP242

中国版本图书馆 CIP 数据核字(2017)第 281281 号

责任编辑：胡 凯 许 蕾/责任校对：彭 涛
责任印制：赵 博/封面设计：许 瑞

科学出版社 出版
北京东黄城根北街16号
邮政编码：100717
http://www.sciencep.com
北京凌奇印刷有限责任公司印刷
科学出版社发行 各地新华书店经销
*
2017年12月第 一 版 开本：720×1000 16
2025年 1 月第三次印刷 印张：9 1/4
字数：200 000
定价：69.00 元
(如有印装质量问题，我社负责调换)

《博士后文库》编委会名单

《博士后文库》序言

1985 年，在李政道先生的倡议和邓小平同志的亲自关怀下，我国建立了博士后制度，同时设立了博士后科学基金。30 多年来，在党和国家的高度重视下，在社会各方面的关心和支持下，博士后制度为我国培养了一大批青年高层次创新人才。在这一过程中，博士后科学基金发挥了不可替代的独特作用。

博士后科学基金是中国特色博士后制度的重要组成部分，专门用于资助博士后研究人员开展创新探索。博士后科学基金的资助，对正处于独立科研生涯起步阶段的博士后研究人员来说，适逢其时，有利于培养他们独立的科研人格、在选题方面的竞争意识以及负责的精神，是他们独立从事科研工作的"第一桶金"。尽管博士后科学基金资助金额不大，但对博士后青年创新人才的培养和激励作用不可估量。四两拨千斤，博士后科学基金有效地推动了博士后研究人员迅速成长为高水平的研究人才，"小基金发挥了大作用"。

在博士后科学基金的资助下，博士后研究人员的优秀学术成果不断涌现。2013 年，为提高博士后科学基金的资助效益，中国博士后科学基金会联合科学出版社开展了博士后优秀学术专著出版资助工作，通过专家评审遴选出优秀的博士后学术著作，收入《博士后文库》，由博士后科学基金资助、科学出版社出版。我们希望，借此打造专属于博士后学术创新的旗舰图书品牌，激励博士后研究人员潜心科研，扎实治学，提升博士后优秀学术成果的社会影响力。

2015 年，国务院办公厅印发了《关于改革完善博士后制度的意见》（国办发〔2015〕87 号），将"实施自然科学、人文社会科学优秀博士后论著出版支持计划"作为"十三五"期间博士后工作的重要内容和提升博士后研究人员培养质量的重要手段，这更加凸显了出版资助工作的意义。我相信，我们提供的这个出版资助平台将对博士后研究人员激发创新智慧、凝聚创新力量发挥独特的作用，促使博士后研究人员的创新成果更好地服务于创新驱动发展战略和创新型国家的建设。

祝愿广大博士后研究人员在博士后科学基金的资助下早日成长为栋梁之才，为实现中华民族伟大复兴的中国梦做出更大的贡献。

中国博士后科学基金会理事长

前　言

　　无人驾驶机器人是一种无需对车辆进行改装，可无损安装在不同车型的驾驶室内，替代驾驶员在危险条件和恶劣环境下进行车辆自动驾驶的智能化机器人。无人驾驶机器人是车辆自动驾驶的一种新思路，通过车辆结构尺寸和性能自学习，驾驶机器人可以不改变现有车辆结构的同时实现自主驾驶，并可以实现同一台机器人适应多种不同类型车辆。由于其无需对车辆进行任何改装，可以直接安装在不同车型的驾驶室内，因此其相关技术可广泛应用于车辆道路试验、车辆台架试验、自主驾驶车辆、无人地面移动武器机动平台等军民两用领域。开展无人驾驶机器人技术的研究，不仅可以加速汽车研发进度、提升我国汽车技术自主研发水平和试验手段，并可为其在汽车环保安全、无人驾驶车辆、无人战车等民用和国防军工领域的应用提供理论基础和技术支撑，具有重要的科学意义和广泛的应用前景。

　　电磁直驱无人驾驶机器人应用"电-磁-力"转换原理，采用电磁直驱方式将电能直接转换为直线运动与旋转运动所需的机械能，以控制油门机械腿、离合机械腿、制动机械腿、换挡机械手、转向机械手等执行机构完成相应驾驶动作，能同时实现高速、高精度的直线直接驱动和旋转直接驱动，消除了机械机构的迟滞，实现了"零间隙传动"，具有其他驱动方式无可比拟的高效性和节能性。

　　本书在课题组 DNC-1 全气动驾驶机器人、DNC-2 气电混合驱动驾驶机器人和 DNC-3 全伺服电动驾驶机器人以及目前国内外驾驶机器人技术的研究基础上，研究了 DNC-4 电磁直驱无人驾驶机器人总体系统设计、电磁直驱无人驾驶机器人动态特性及智能优化、无人驾驶机器人电磁直驱控制及联合仿真、车辆性能自学习及无人驾驶机器人智能换挡控制和多机械手协调控制、无人驾驶机器人车速跟踪智能控制策略、电磁直驱无人驾驶机器人车辆路径及速度解耦控制等若干关键技术和应用基础问题。

　　本书是国家自然科学基金项目（编号：51675281、51205208）、中国博士后科学基金项目（编号：2011M500922）、江苏省六大人才高峰计划项目（编号：2015-JXQC-003）、中央高校基本科研业务费专项资金项目（编号：30916011302）

的部分研究成果。

感谢著者的研究生王纪伟、汪俊、虞沈林、吴俊、周楠、王和荣、陈守宝、苏树华等。

由于著者的水平有限，书中疏漏之处在所难免，欢迎广大读者指正。

作 者

2017 年 6 月

目　录

《博士后文库》序言

前言

第1章　绪论 ……………………………………………………… 1

　1.1　研究背景与意义 ……………………………………………… 1

　1.2　国内外研究现状与分析 ……………………………………… 2

　　1.2.1　无人驾驶机器人国内外研究现状 ………………………… 2

　　1.2.2　无人驾驶机器人执行机构及智能优化 …………………… 4

　　1.2.3　无人驾驶机器人驱动方式及动态特性 …………………… 5

　　1.2.4　无人驾驶机器人协调控制及车辆运动控制 ……………… 7

　1.3　研究内容 ……………………………………………………… 8

　1.4　本章小结 ……………………………………………………… 10

第2章　电磁直驱无人驾驶机器人总体系统设计 …………………… 11

　2.1　无人驾驶机器人性能要求 …………………………………… 11

　2.2　无人驾驶机器人总体结构 …………………………………… 12

　　2.2.1　换挡机械手结构 …………………………………………… 12

　　2.2.2　油门/制动/离合机械腿结构 ……………………………… 14

　　2.2.3　转向机械手结构 …………………………………………… 15

　2.3　无人驾驶机器人电磁直驱方案 ……………………………… 16

　　2.3.1　换挡机械手电磁直驱方案 ………………………………… 17

　　2.3.2　油门/制动/离合机械腿电磁直驱方案 …………………… 18

　　2.3.3　转向机械手电磁直驱方案 ………………………………… 20

　2.4　无人驾驶机器人控制系统设计 ……………………………… 21

　　2.4.1　无人驾驶机器人控制系统结构 …………………………… 21

　　2.4.2　无人驾驶机器人示教再现系统 …………………………… 22

　2.5　本章小结 ……………………………………………………… 24

第3章　无人驾驶机器人动态特性及智能优化 ……………………… 25

　3.1　无人驾驶机器人运动学和动力学模型 ……………………… 25

　　3.1.1　换挡机械手运动学和动力学模型 ………………………… 25

　　　3.1.2　油门/制动/离合机械腿运动学和动力学模型 ·············· 29
　　　3.1.3　转向机械手运动学和动力学模型 ······················ 31
　3.2　无人驾驶机器人动态特性仿真与分析 ····················· 32
　　　3.2.1　换挡机械手动态特性仿真与分析 ······················ 32
　　　3.2.2　油门/制动/离合机械腿动态特性仿真与分析 ·········· 35
　　　3.2.3　转向机械手动态特性仿真与分析 ······················ 37
　3.3　无人驾驶机器人结构群智能优化 ························· 38
　　　3.3.1　粒子群优化算法 ·································· 39
　　　3.3.2　模拟退火优化算法 ································ 39
　　　3.3.3　无人驾驶机器人模拟退火粒子群结构优化 ············ 39
　　　3.3.4　无人驾驶机器人结构参数优化目标函数和约束条件 ···· 40
　3.4　本章小结 ··· 48
第4章　无人驾驶机器人电磁直驱控制及联合仿真 ·············· 49
　4.1　电磁直线执行器及无刷直流电机驱动控制 ················ 49
　　　4.1.1　电磁直线直驱执行器原理与驱动 ······················ 49
　　　4.1.2　电磁直线直驱执行器建模与控制 ······················ 50
　　　4.1.3　无刷直流直驱电机原理与驱动控制 ···················· 56
　4.2　电磁直驱无人驾驶机器人联合仿真与分析 ················ 57
　　　4.2.1　换挡机械手联合仿真与分析 ·························· 59
　　　4.2.2　油门/制动/离合机械腿联合仿真与分析 ·············· 60
　　　4.2.3　转向机械手联合仿真与分析 ·························· 62
　4.3　本章小结 ··· 63
第5章　车辆性能自学习与无人驾驶机器人多机械手协调控制 ···· 64
　5.1　驾驶机器人车辆性能自学习 ·························· 64
　　　5.1.1　驾驶机器人工作过程 ································ 64
　　　5.1.2　车辆几何尺寸自学习 ································ 66
　　　5.1.3　车辆性能参数自学习 ································ 67
　　　5.1.4　试验结果与分析 ·································· 69
　5.2　无人驾驶机器人智能换挡控制 ························ 71
　　　5.2.1　模糊神经网络结构及学习算法 ······················ 71
　　　5.2.2　驾驶机器人模糊神经网络换挡控制 ···················· 73
　　　5.2.3　试验结果与分析 ·································· 76
　5.3　无人驾驶机器人多机械手协调控制 ···················· 78

      5.3.1　递阶控制模型 ·· 78

      5.3.2　协调控制方法 ·· 80

      5.3.3　协调控制器设计 ··· 81

      5.3.4　试验结果与分析 ··· 84

  5.4　本章小结 ·· 85

第 6 章　无人驾驶机器人车速跟踪智能控制策略研究 ··························· 86

  6.1　驾驶循环行驶工况分析 ··· 87

  6.2　无人驾驶机器人车速跟踪模糊控制研究 ·· 89

      6.2.1　车速跟踪模糊控制方法 ·· 89

      6.2.2　试验结果与分析 ··· 95

  6.3　无人驾驶机器人车速跟踪神经网络控制研究 ·································· 97

      6.3.1　车速跟踪神经网络控制方法 ··· 97

      6.3.2　仿真结果与分析 ··100

  6.4　无人驾驶机器人车速跟踪模糊神经网络控制研究 ··························102

      6.4.1　车速跟踪模糊神经网络控制方法 ···102

      6.4.2　仿真结果与分析 ··103

  6.5　本章小结 ···105

第 7 章　电磁直驱无人驾驶机器人车辆路径及速度解耦控制 ···············107

  7.1　无人驾驶机器人车辆路径及速度解耦控制策略 ·····························107

      7.1.1　无人驾驶机器人车辆模糊免疫 P 路径控制策略 ·····················108

      7.1.2　无人驾驶机器人车辆模糊免疫 PID 速度控制策略 ··················111

      7.1.3　无人驾驶机器人车辆路径及速度解耦控制策略 ······················113

  7.2　无人驾驶机器人车辆解耦控制建模与联合仿真 ·····························114

      7.2.1　无人驾驶机器人车辆解耦控制建模 ······································114

      7.2.2　无人驾驶机器人车辆解耦控制联合仿真 ·······························119

  7.3　本章小结 ···122

第 8 章　总结与展望 ··124

  8.1　全书总结 ···124

  8.2　研究展望 ···126

参考文献 ··127

编后记 ··133

5.3.1 78
5.3.2 80
5.3.3 81
5.3.4 84
5.4 本章小结 85
第 6 章 86
6.1 87
6.2 89
6.2.1 94
6.2.2 95
6.3 97
6.3.1 97
6.3.2 100
6.4 102
6.4.1 102
6.4.2 103
6.5 本章小结 105
第 7 章 107
7.1 107
7.1.1 108
7.1.2 114
7.1.3 115
7.2 114
7.2.1 114
7.2.2 119
7.3 本章小结 122
第 8 章 结论与展望 124
8.1 本书总结 124
8.2 研究展望 126
参考文献 127
编后记 133

第1章 绪 论

1.1 研究背景与意义

无人驾驶机器人是一种无需对车辆进行改装，可无损安装在不同车型的驾驶室内，替代驾驶员在危险条件和恶劣环境下进行车辆自动驾驶的智能化机器人。无人驾驶机器人是车辆自动驾驶的一种新思路，通过车辆结构尺寸和性能自学习，驾驶机器人可在不改变现有车辆结构的同时实现自主驾驶，并可以实现同一台机器人适应多种不同类型车辆。由于其无需对车辆进行任何改装，可以直接安装在不同车型的驾驶室内，因此其相关技术可广泛应用于汽车试验、自主驾驶汽车、无人驾驶军用车辆、无人地面移动武器机动平台等军民两用领域[1-4]。

近年来，以雾霾为代表的大气污染问题成为社会关注的热点，我国部分地区出现 PM$_{2.5}$ 指标爆表的极端情况，在汽车出厂前进行大量试验，严格限制汽车尾气中有害物质的含量迫在眉睫[5,6]。而通常汽车试验具有重复性强、危险性大、工作环境恶劣等特点，无人驾驶机器人可替代驾驶员在底盘测功机上或道路上进行汽车可靠性及性能试验、环境验证试验、耐久性试验和排放性能试验等。利用驾驶机器人代替人类驾驶员进行汽车试验，既可有效地提高试验效率、避免人工试验中驾驶员存在的安全隐患，又可提高试验结果的准确性和可靠性。另外，驾驶机器人作为辅助驾驶系统安装在车辆上，又可提高汽车主动安全性。

在医疗健康领域，不同等级的残疾者和各种不同智力的人对外界环境的变化会有不同程度的反应，因此需要研究他们驾车时的各种情况和可能性，但由他们自己做是不现实的。无人驾驶机器人用于残疾者康复训练，可仿生残疾者驾驶汽车操作，提高残疾者驾驶汽车的能力及安全性；用自动驾驶机器人来仿生各种不同等级的残疾者和不同智力等级的驾车者，来应付各种模拟的道路及交通情况会比真人来得方便、容易，由此取得的反馈信息有利于更好地改进车辆的设计及提高车辆对人的适应性。

在国防军工领域，无人驾驶机器人装备在军用暨特种车辆和自行火炮上，可完成作战、排爆、灭火等高风险任务。美国 DARPA(美国国防部国防先进研究计划署)已制定了无人地面作战平台战略计划，利用无人驾驶机器人作为地面移动武器机动平台的机器人驾驶员进行驾驶、通信、侦察以及武器操控，以便实现零伤亡[7-9]。另外，美国陆军装备部发展重点项目"军用无人驾驶地面车辆"项目，主要思想是在未来的作战中，赋予无人战车侦察、运输、排弹、医疗撤运（后送）和直接攻击目标等多种功能[10-11]。通过将无人驾驶机器人装备在军用暨特种车辆上，可实现从有人战车到无人战车的转变，可有效快速地应对未来军事战场上各种可能的突发情况。

电磁直驱无人驾驶机器人应用"电-磁-力"的转换原理，采用电磁直驱方式将电能直接转换为直线运动与旋转运动所需的机械能，以控制油门机械腿、离合机械腿、制动机械腿、换挡机械手、转向机械手等执行机构完成相应驾驶动作，能同时实现高速、高精度的直线直接驱动和旋转直接驱动，消除了机械机构的迟滞，提高了整个系统动态响应及可靠性，实现了"零间隙传动"，具有其他驱动方式无可比拟的高效性和节能性[12]，在满足无人驾驶机器人操控系统高稳定性、可靠性要求的同时，又能有效地减轻体积及重量，提高其动态响应和操控精度。开展无人驾驶机器人技术的研究，不仅可以加速汽车研发进度、提升我国汽车技术的自主研发水平和试验手段，还可为其在环保汽车制造、汽车环保安全、无人驾驶车辆、无人战车等民用和国防军工领域的应用提供理论基础和技术支撑，具有重要的科学意义和广泛的应用前景。

1.2 国内外研究现状与分析

1.2.1 无人驾驶机器人国内外研究现状

20 世纪 80 年代中期，光化学烟雾事件和酸雨事件频繁发生，环境保护日益重要，对汽车尾气的排放标准日益严苛，因此国外许多科研机构开始试图开发能够代替人类完成驾驶任务的汽车排放试验用驾驶机器人[2-5]，比较著名的有德国SCHENCK（见图 1.1）、STAHLE（见图 1.2）、WITT、大众（见图 1.3）、德国慕尼黑联邦国防军大学[4]，日本 HORIBA（见图 1.4）、Autopilot、Nissan Motor、AUTOMAX，英国 Froude Consine（见图 1.5）、MIRA、ABD（见图 1.6），美国 Kairos、LBECO等，但其关键技术仍处在保密阶段。

国内于 20 世纪 90 年代中期开始进行驾驶机器人的研究工作，起步相对较晚，主要是一些汽车研究机构和高等院校，最具代表性的是东南大学与南京汽车研究所研制的 DNC 系列驾驶机器人，这是我国首个具有自主产权的驾驶机器人[13-18]。近年来，南京理工大学[1, 19-22]、清华大学[23]、上海交通大学[24]、北京航空航天大学[25]、哈尔滨工业大学[26]、太原理工大学[6]、同济大学[27]、中国汽车技术研究中心[28]等高校和研究机构也相继开始研究车辆自动驾驶机器人。国内外有些学者把汽车作为移动机器人,即智能汽车[2, 29],可提供一体化的生活、娱乐、学习等智能服务,其不仅可作为机器人驾驶辅助系统,也可实现完全无人驾驶,但相比于驾驶机器人的不足之处是对车辆改装幅度较大。

图 1.1　德国 SCHENCK 驾驶机器人

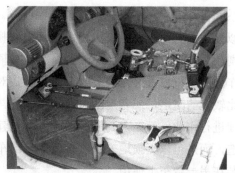

图 1.2　德国 STAHLE 驾驶机器人

图 1.3　德国大众驾驶机器人

图 1.4　日本 HORIBA 驾驶机器人

图 1.5　英国 Froude Consine 驾驶机器人

图 1.6　英国 ABD 驾驶机器人

国内高校如国防科技大学、清华大学、吉林大学、北京理工大学、浙江大学、南京理工大学等则在智能车辆研究领域处于领先地位。已经研制成功的自主驾驶系统包括[30]：清华大学、北京理工大学、南京理工大学等高校共同研制的 7B8 系统；一汽集团和国防科技大学联合研制的自主驾驶智能汽车；清华大学的 THMR 系列自主车；吉林大学的 JUTIV 系统等。驾驶机器人和智能车辆在结构上具有相似性，主要都由油门机械腿、制动机械腿、离合机械腿和换挡机械手组成，其区别在于是否对汽车进行了改造。智能车辆将汽车作为一个整体进行考虑，把车辆作为移动机器人进行改装或重新设计，对汽车的操纵机构甚至动力系统等进行了比较多的改造，或者重新设计，成本高，一旦该车辆任何一部分损坏，就无法继续进行作业。而无人驾驶机器人并非构建在特殊的车辆上，不需要对车辆进行改造，而是可以无损地安装到各种规格的车辆上，一旦车辆损坏，该机器人可以换装在另一台车上使用。

1.2.2　无人驾驶机器人执行机构及智能优化

无人驾驶机器人的总体结构包括换挡机械手、转向机械手、油门机械腿、离合机械腿、制动机械腿。德国慕尼黑联邦国防军大学 Benedikt 等[4]研究了直流电机驱动的绳绞车驾驶机器人。太原理工大学牛志刚等[31]研制的驾驶机器人选挡机构为曲柄滑块机构，挂挡机构为滚珠丝杠机构，机械腿为四连杆机构，其机械腿结构较为复杂。上海交通大学石柱等[24]研制的驾驶机器人换挡机械手为双平行四边形机构，该机构具有两个平面的转动自由度从而可以完成选挡和挂挡动作，该驾驶机器人机械腿为伺服电机驱动的摇杆机构。中国汽车技术研究中心陈弘等[28]研制的驾驶机器人机械腿采用钢丝滑轮机构，换挡机械手机构为"三大臂+两小臂+两个 L 形调节臂"，两个伺服电机驱动分别完成选挡和挂挡动作，并可适应于不同结构驾驶室。北京航空航天大学余贵珍等[32]研制的自动驾驶机器人换挡机械手结构为"滚珠丝杆+滑轨"结构，其换挡机械手由于只能实现挂挡运动，因此该机构只能适用于自动变速器汽车，其机械腿结构为"滚珠丝杆+滑块"机构。同济大学马志雄等[27]研制的驾驶机器人换挡机械手包括机械手外管和机械手内管，机械手内管连接挂挡驱动单元完成挂挡动作，选挡驱动单元驱动一传动杆实现选挡动作，机械腿在直线驱动单元推动下作直线运动，但研究表明汽车离合器等踏板运动并不是严格直线运动，而是有一定弧度的曲线运动。吉林大学张友坤等[33]研制的同步器试验换挡机械手为四连杆机构，选挡由伺服电机驱动，挂挡由气缸驱动。以上研制的驾驶机器人多是需要用伺服电机驱动，因此将需要许多减速机构，使驾驶机器人结构趋于复杂。本研究设计的无人驾驶机器人[34,35]换挡机械手为平面二自由度七连杆机构，机械腿为曲柄连杆机构带动的摇杆机构，该设计方案可以实现换挡机械手和机械腿的电磁直驱，即只用电磁直线执行器即可完成无人驾驶机器人的驱动。研究表明本书设计的无人驾驶机器人各执行机构的结构还需进一步进行优化以便更加适应汽车自动驾驶的要求。

电磁直驱无人驾驶机器人的结构优化关系到无人驾驶机器人驾驶操纵性能和驾驶可靠性。无人驾驶机器人机构优化方法可分为传统优化方法和现代智能优化方法。以线性规划法、单纯形法、可容变差法、复合形法等为代表的传统优化方法只能解决数学特征能被精确认识的优化问题，且无法跳出局部优化解。介于传统优化方法的局限性，在数学理论尚未实质性突破的情况下，启发式算法[36-38]应运而生，它可在有限时间内求得可接受的近似优化解。智能优化算法是一类特殊的启发式优化算法，它借鉴了自然界或生物体的各种原理和机理，同时具有自适应环境能力[39]。代表性的智能优化算法包括模拟退火算法、遗传算法、蚁群算法、粒子群算法、蜜蜂群算法等。各种单一智能算法的优缺点和应用领域不同。群智能混合优化综合运用其他智能优化算法的思想对某种智能优化算法进行改进[40,41]，具有实现简单、全局优化能力强、受控参数少、收敛速度快等优点。另外，目前的全电动驾驶机器人换挡机械手是采用两个伺服电机和旋转变直线运动机构分别驱动驾驶机器人换挡机械手的选挡和挂挡过程。因此，本书拟通过利用电磁执行器取代"伺服电机+滚珠丝杆"结构来驱动无人驾驶机器人各执行机构，研究具有最佳动力传动路径的电磁直驱闭链机构,探索运用群智能混合优化算法，并综合考虑无人驾驶机器人结构约束和驾驶室约束等，建立电磁直驱无人驾驶机器人结构群智能优化模型。

1.2.3 无人驾驶机器人驱动方式及动态特性

电磁直驱无人驾驶机器人动态特性与驾驶机器人各机械手、机械腿以及箱体的结构特点和驱动方式有很大关系。国内外驾驶机器人大都由换挡机械手、转向机械手、油门机械腿、离合机械腿、制动机械腿和控制系统组成。无人驾驶机器人驱动方式主要有液压驱动、气压驱动、气电混合驱动、电动伺服驱动[3,4,13,14,23-28]和电磁直驱[1,19,34,35]五种。譬如东南大学张为公等设计了气压驱动机械手和"伺服电机+滚珠丝杠"驱动机械手；清华大学黄开胜等[19]设计了"电动缸+滑动导轨"自动驾驶机器人；太原理工大学牛志刚等[31]设计了"电机+齿轮/带轮+螺纹丝杠/谐波减速器"驱动的自动驾驶机器人。但研究表明，液压驱动方式需由专门的液压泵系统提供液压油，使系统故障点增多，机构复杂，并受温度影响大，对油的密封性要求高；气压驱动方式采用气缸进行驱动，使得执行机构和检测控制系统复杂,并且气动执行机构难以实现轨迹控制和多点准确定位;电动伺服驱动方式采用"伺服电机/步进电机+滚珠丝杠/齿轮齿条/滑动导轨/带轮"进行驱动,由于驱动原理的局限性,其传动效率及位移和力的控制精度都相对较低。

电磁直接驱动可将电能直接转换为直线或旋转形式的机械能,无需中间传动环节,有着其他驱动方式无可比拟的优越性,成为机械驱动与传动研究中的发展趋势之一[12]。电磁直驱无人驾驶机器人的主要结构特征是电磁执行器与其所驱动的无人驾驶机器人机械执行机构直接耦合在一起,结构紧凑,传动高效,可提高整个系统的定位精度、控制精度、重复性、稳定性、可靠性和动态响应[42-44]。因此,电磁直驱是未来无人驾驶机器人驱动方式的发展趋势。本书采用电磁执行器直接驱动无人驾驶机器人各机械手和机械腿的方式来研究无人驾驶机器人的动态特性。

关于无人驾驶机器人动态特性的研究,太原理工大学牛喆等[6]针对驾驶机器人换挡机械手有两个输入但只有一个输出的特性,将换挡机械手的挂挡部分和选挡部分进行拆解再进行解析法分析和封闭矢量法分析,清晰明了地描述了机械手位移、速度和加速度与输入之间的关系。哈尔滨工业大学田体先等[26]利用 ADAMS软件对换挡机械手进行了动力学仿真,并通过构建线性化的状态方程来描述气缸驱动的离合机械腿的动态特性。但无人驾驶机器人系统是一个高度非线性的复杂系统,往往不能精确地给出其动力学方程,基于此问题,一般先求出机器人等系统的简化后的动力学特性方程,然后可以通过一些先进控制算法补偿系统运动过程的非确定性因素和外界干扰,如 Dasdemir 等[45]设计了高度非线性系统的自适应控制器和鲁棒控制器;Oniz 等[46]提出了机器人等高度非线性系统的模糊脉冲神经网络控制算法,该算法继承了滑模控制的高鲁棒性优点。此外针对复杂系统也可以利用软件仿真来帮助研究者解决问题,如南京理工大学陈刚等[35]建立了电磁驱动无人驾驶机器人物理模型及虚拟样机模型,并进行了初步的操纵机构运动学和动力学分析及性能匹配优化。中国科学技术大学唐国明等[47]研究了一种用于无人驾驶汽车运动模拟的三自由度并联机构,利用牛顿-欧拉方法得出了该动平台的动力学方程,借助力矩平衡原理与功率平衡方程得到了关节驱动力。太原理工大学牛志刚等[31]采用 AUTOCAD 的建模工具建立了驾驶机器人的逼真模型,在 VC++开发平台上实现了驾驶机器人的可视化运动仿真。目前关于无人驾驶机器人动态特性的研究只是针对结构确定的机器人机构,而并未考虑无人驾驶机器人的执行机构结构参数变化是否对无人驾驶机器动态特性有所影响。因此,本书将进行电磁直驱无人驾驶机器人动态特性研究,探索无人驾驶机器人执行机构的连杆结构尺寸的变化对无人驾驶机器人系统动态特性的影响。

1.2.4 无人驾驶机器人协调控制及车辆运动控制

无人驾驶机器人是一种仿生机器人，要实现无人驾驶机器人模拟人准确完成驾驶动作，必须实现无人驾驶机器人多机械手协调控制，建立合理的多机械手协调控制模型是关系到整个无人驾驶机器人系统驾驶行为优劣的关键。德国乌尔姆大学 Sailer 等[48]研究了驾驶机器人操纵汽车的起步控制、制动控制，运用递归最小二乘法设计了一种闭环车速跟踪控制算法。新西兰奥克兰大学 Nicholas 等[3]设计了用于自主车辆跟踪的驾驶机器人 PID 控制器，但踏板黏滑和油门/制动切换的非线性问题限制了控制器性能。德国乌尔姆大学 Sailer 等[49]设计了基于平整度的驾驶机器人车速跟踪控制，但其近似发动机扭矩最大模型不准确，并且在线自适应性差。为了实现复杂驾驶循环工况下无人驾驶机器人多机械手协调控制和精确车速跟踪，本书提出了一种基于模糊逻辑理论的无人驾驶机器人递阶协调控制方法。在分析驾驶循环行驶工况的基础上，建立了基于 Saridis 体系结构的无人驾驶机器人递阶控制模型，研究了融合驾驶员操纵驾驶经验的无人驾驶机器人油门机械腿、制动机械腿、离合机械腿和换挡机械手综合协调运动规律，设计了无人驾驶机器人智能换挡控制器和油门/离合机械腿协调控制器及油门/制动机械腿切换控制器。

电磁直驱无人驾驶机器人是采用电磁直线执行器(直线电机)和无刷直流旋转直驱电机来直接驱动的，但由于直接驱动不存在中间减速机构和传动机构，系统对负载扰动、电动机推力波动和惯量变化较为敏感，直接驱动机器人的控制相对复杂，所以目前对直接驱动机器人的研究主要集中在控制算法上。譬如南昌航空大学贺红林教授等[50]提出了二自由度直接驱动机器人臂杆自适应-PD 复合运动控制，消除了由于机器人难以建立精确模型而带来的参数和非参数不确定性。Thanok[51]设计了具有动摩擦补偿的自适应控制器，具有良好的非线性补偿特性；Ibrahim 等[52]设计了基于遗传算法的一种整体滑模控制器，从而很好地实现了对机器人轨迹的精确跟踪控制。此外美国约翰·霍普金斯大学 Brown 等[53]研究了一种微型直接驱动四足行走机器人的运动效率和效果分析；Chavez-Olivares 等[54]研究了拟人化直接驱动机器人的惯性及摩擦系数等参数辨识实验评价方案；日本大阪大学 Nakata 等[55]进行了直接驱动肌肉跳跃机器人的刚度椭圆柔顺控制研究；加拿大 Hamelin 等[56]提出了基于双观测器的水下直驱打磨机器人离散时间状态反馈速度估计控制器。总而言之，目前对于直接驱动机器人的控制算法研究是热点，无论国内还是国外的研究都有改进空间。

电磁直驱无人驾驶机器人车辆的运动控制主要根据车辆当前状态信息和路

径规划环节给出的参考路径对智能车辆的速度和方向进行综合控制,在精度范围内实现智能车辆的跟踪路径,并根据当前反馈信息纠正行驶车辆的速度和方向,最终完成指定驾驶任务。电磁直驱无人驾驶机器人车辆的运动控制包括方向控制和车速控制。在电磁直驱无人驾驶机器人车辆方向控制方面,中国科技大学张卫忠等[57,58]提出了一种无人地面车辆转向系统的仿人智能运动控制算法,该种控制方法可实现在不同控制模态之间切换,满足车辆转向过程不同行驶阶段的控制要求。南京航空航天大学凌锐[59]提出了一种可行车辆轨迹规划方法,并针对车辆的转向轨迹跟踪问题,根据车辆动力学模型中侧向位置和横摆角度之间的耦合关系提出了一种基于动态面的跟踪控制律。中国人民解放军军事交通学院秦万军等[60]对无人驾驶车辆前后轮胎所受的侧偏力进行了分析,求解出了车辆的运动微分方程,并基于此建立了一个二自由度模型,并通过一个转向的 MATLAB/SIMULINK 仿真实例验证了该模型的有效性。中国科技大学杨琼琼等[61]提出了一种基于图像的辅助实现机器人驾驶汽车的方法,根据机器人驾驶过程中所拍摄的路面图像的目标位置点计算出车辆行驶时的转弯半径,根据方向盘转角与转弯半径之间的关系得出方向盘的转角。Zhu 等[62]提出了一种基于视觉的支持向量机的车辆方向控制算法,该控制器输入的是车辆位置路线图,输出的是转向盘的转向角。吉林大学陈虹等[63]运用随机模型预测控制方法实现了车辆转向路径跟踪控制,该控制方法可以补偿车辆横向运动的参数不确定性。以上研究均可实现比较精确的路径跟踪控制,但均未考虑车辆纵向车速对车辆横向转向运动的影响,本书在以上研究的基础上进一步探索车辆纵向运动和无人驾驶机器人车辆横向运动的耦合关系。关于无人驾驶机器人车辆的车速跟踪控制主要有 PID 控制[64]、Smith 预估补偿控制[65]、模糊控制[66]及模糊神经网络控制[67]等,以上控制方法虽然都在一定程度上实现了较为精确的速度跟踪,但未与无人驾驶机器人车辆方向进行综合控制。基于以上问题本书提出了一种无人驾驶机器人车辆方向及速度跟踪控制的模糊免疫PID 控制方法,并引入速度反馈实现了无人驾驶机器人车辆方向控制与速度控制的解耦,从而实现无人驾驶机器人车辆预期路径跟踪的运动控制。

1.3　研究内容

本书以国家自然科学基金面上项目"电磁直驱无人驾驶机器人动力学特性及协调控制机理研究"、国家自然科学基金青年科学基金项目"电磁驱动无人驾驶机器人多场耦合机理及仿生集成优化研究"、中国博士后科学基金项目"基于多场耦合的直线电磁驱动驾驶机器人集成优化研究"、江苏省六大人才高峰计划项目"电磁直驱驾驶机器人机械手结构动力学拓扑优化及控制研究"等为背景,以无人驾驶机器人为研究对象,探索了无人驾驶机器人的电磁直驱实现方式,重点研究了电磁直驱无人驾驶机器人动态特性、无人驾驶机器人电磁直驱控制技术、无人驾驶机器人多机械手协调控制、无人驾驶机器人车速跟踪智能控制、无人驾驶机器人车辆路径及速度解耦控制方法。本书的章节结构如下:

第 1 章为绪论。阐述了电磁直驱无人驾驶机器人的研究背景与意义,分析了无人驾驶机器人整机、无人驾驶机器人执行机构及智能优化、无人驾驶机器人驱动方式及动态特性、无人驾驶机器人多机械手协调控制及车辆运动控制的国内外研究现状和发展动态,并阐述了本书的主要研究内容。

第 2 章为电磁直驱无人驾驶机器人总体系统设计。分析了无人驾驶机器人换挡机械手、转向机械手和油门/制动/离合机械腿等各执行机构的基本性能要求,研究了无人驾驶机器人各执行机构的结构特点,并分析了无人驾驶机器人各执行机构的结构如何适应不同车型驾驶室的要求,根据无人驾驶机器人的结构特点提出了各执行机构的电磁直驱设计方案,并由此选择了合适的电磁执行器,进行了无人驾驶机器人控制系统结构和无人驾驶机器人示教再现系统设计。

第 3 章为无人驾驶机器人动态特性及智能优化。根据电磁直驱无人驾驶机器人的总体系统结构特点,分别推导出了无人驾驶机器人各执行机构的运动学方程和动力学方程,分析了无人驾驶机器人各执行机构的动态特性,运用模拟退火粒子群群智能混合优化算法优化了无人驾驶机器人换挡机械手和机械腿的连杆结构尺寸,提高了无人驾驶机器人的动态性能。

第 4 章为无人驾驶机器人电磁直驱控制及联合仿真。根据电磁直线执行器的结构与工作原理搭建了电磁直线执行器的数学模型,并根据电磁直线执行器驱动原理建立了电磁直线执行器的三闭环(位置环、速度环和电流环)伺服控制模型,研究了无刷直流直驱电机原理与驱动控制,进行了电磁直驱无人驾驶机器人机械系统和驱动控制系统的联合仿真,电磁执行器实现了快速准确地驱动无人驾驶机器人各执行机构完成规定的驾驶动作。

第 5 章为车辆性能自学习与无人驾驶机器人多机械手协调控制。提出了一种用于无人驾驶机器人的车辆性能自学习方法,对影响无人驾驶机器人驾驶行为的车辆几何尺寸和车辆性能参数进行了自学习,对因长时间驾驶引起的控制参数变化进行在线优化,实现了无人驾驶机器人的自学习、自适应、自补偿,能够对所驾驶的车辆进行性能辨识;提出了一种无人驾驶机器人模糊神经网络换挡控制方法,实现了无人驾驶机器人挡位决策的智能化,并且依据操作工况环境的变化调整换挡策略,实现正确的无人驾驶机器人挡位控制;建立了驾驶机器人递阶控制模型，提出了驾驶机器人多机械手协调控制方法，设计了油门/离合器协调控制器和油门/制动器切换控制器，实现了无人驾驶机器人换挡机械手和油门机械腿、离合机械腿、制动机械腿的综合协调配合，使驾驶机器人可以模拟一个熟练驾驶员的手脚协调操作能力。

第 6 章为无人驾驶机器人车速跟踪智能控制策略研究。分析了驾驶循环行驶工况，将模糊控制方法应用到无人驾驶机器人的车速跟踪控制中，将神经网络控制方法应用到无人驾驶机器人的车速跟踪控制中，设计了三层改进神经网络模型，对结果进行了误差分析，将模糊神经网络控制方法应用到无人驾驶机器人的车速跟踪控制中，并与传统 PID 控制方法进行了对比分析研究。

第 7 章为电磁直驱无人驾驶机器人车辆路径及速度解耦控制。设计了电磁直驱无人驾驶机器人车辆模糊免疫 P 路径跟踪控制器，控制无人驾驶机器人转向机械手操纵车辆方向盘转动预期转角，实现了电磁直驱无人驾驶机器人车辆路径的精确跟踪；然后设计了模糊免疫 PID 速度跟踪控制器，根据统一油门开度来控制制动/油门机械腿下压制动/油门踏板的开度，实现了电磁直驱无人驾驶机器人车辆速度的精确跟踪；通过引入速度反馈来不断更新车辆的侧向稳态增益，并将车辆方向控制和速度控制进行解耦，实现了电磁直驱无人驾驶机器人车辆路径及速度的精确控制；实现了融合无人驾驶机器人机械系统、控制系统和车辆动力学模型的联合仿真，验证了无人驾驶机器人车辆运动控制策略的有效性。

第 8 章为总结与展望。总结了本书的研究内容和研究成果，根据研究的不足展望未来工作。

1.4　本 章 小 结

本章首先阐述了电磁直驱无人驾驶机器人的研究背景与意义；随后分析了无人驾驶机器人整机、无人驾驶机器人执行机构及智能优化、无人驾驶机器人驱动方式及动态特性、无人驾驶机器人多机械手协调控制及车辆运动控制的国内外研究现状和发展动态；最后结合国内外研究现状和发展动态的不足之处提出了本书的主要研究内容，并详细阐述了本书的章节结构。

第 2 章　电磁直驱无人驾驶机器人总体系统设计

2.1　无人驾驶机器人性能要求

无人驾驶机器人的性能要求如下：

(1)电磁直驱无人驾驶机器人整体(包括执行机构、驱动电机和机箱)能够方便地安装在狭小的车辆驾驶室内。

(2)无人驾驶机器人换挡机械手、转向机械手、离合机械腿、制动机械腿和油门机械腿等执行机构要小巧灵活，以适应不同车辆驾驶室的无损快速安装要求。

(3)电磁直驱无人驾驶机器人换挡机械手能够顺利地操纵换挡手柄准确地到达各个挡位，无人驾驶机器人选挡动作和挂挡动作的误差均在 2mm 以内。换挡机械手在选挡过程的最大输出行程为±100mm，最大运动速度为 0.60m/s；换挡机械手在挂挡过程的最大输出行程为±100mm，最大运动速度为 0.60m/s。

(4)无人驾驶机器人转向机械手能够根据车载传感器关于环境信息的反馈操纵方向盘准确快速地转动相应角度，如果车辆实际运动轨迹偏离车辆预期运动轨迹，则立即操纵方向盘使其与预期运动轨迹一致。转向机械手的最大输出转角应为±1080°，最大输出转速不超过 250r/min，最小可调角度为 0.5°。

(5)电磁直驱无人驾驶机器人离合机械腿、制动机械腿和油门机械腿能够根据控制器的不同指令分别操纵离合、制动和油门踏板完成相应驾驶动作，还需保证油门踏板和制动踏板不能同时工作。

(6)电磁直驱无人驾驶机器人离合机械腿的最大输出行程为 240mm，最大运动速度应大于 0.35m/s，最小自由度为 1；制动机械腿的最大输出行程为 240mm，最大运动速度应大于 0.30m/s，定位误差不超过±3mm，最小自由度为 1；油门机械腿的最大输出行程为 200mm，最大运动速度应大于 0.45m/s，最小可调行程不超过 2mm，定位误差不超过±0.5mm，最小自由度为 1。

(7)无人驾驶机器人需要真实模拟驾驶员的驾驶操作，在动作上要具有人肌肉的弹性和柔顺性，在操作配合上具有人的协调性，在控制上要具有自适应性以适合各种不同车辆动力模型的变化。

2.2　无人驾驶机器人总体结构

本书研制的无人驾驶机器人主要由换挡机械手、转向机械手、油门机械腿、离合机械腿、制动机械腿、驱动电机和控制系统等组成。本书研制的无人驾驶机器人是自动驾驶技术的一种，其与智能车辆相比的益处是可以无损安装在各种车型驾驶室内，不用对原有车辆结构进行改装。电磁直驱无人驾驶机器人的结构如图 2.1 所示。无人驾驶机器人控制系统可根据相关车载传感器的反馈信息决策出无人驾驶机器人换挡/转向机械手及油门/离合/制动机械腿的动作要领，从而操纵车辆换挡手柄、方向盘以及离合/制动/油门踏板完成相应的驾驶动作。

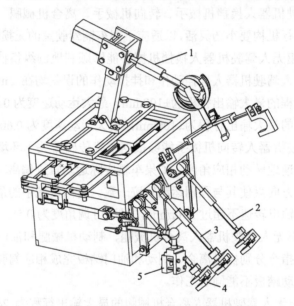

图 2.1　电磁直驱无人驾驶机器人总体结构
1-转向机械手　2-离合机械腿　3-制动机械腿　4-油门机械腿　5-换挡机械手

2.2.1　换挡机械手结构

本书研制的无人驾驶机器人换挡机械手是一个二自由度七连杆机构，选挡电磁直线执行器和挂挡电磁直线执行器分别驱动换挡机械手完成选挡动作和挂挡动作，且选挡动作和挂挡动作能够实现解耦，并且互不干扰。换挡机械手选挡电磁直线执行器和挂挡电磁直线执行器的直线运动经过直线变旋转机构，从而驱动二自由度七连杆换挡机构完成选挡和挂挡动作(该部分内容将在无人驾驶机器人电磁直驱方案一节中详细叙述）。换挡机械手的角度传感器可实时监控换挡机械手的运动状态，换挡手柄抓手可使换挡机械手臂能够抓牢换挡手柄，从而准确便捷地完成换挡任务；换挡机械手角度调整机构可调整换挡机械手臂与换挡手柄所成角度，紧固手柄可调整换挡机械手臂的高度，从而使换挡机械手可适应于不同车辆驾驶室的要求。无人驾驶机器人换挡机械手的结构如图 2.2 和图 2.3 所示。

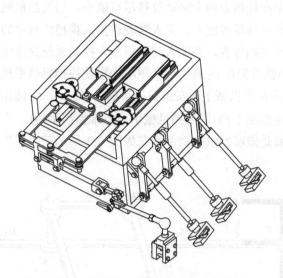

图 2.2　电磁直驱换挡机械手及机械腿

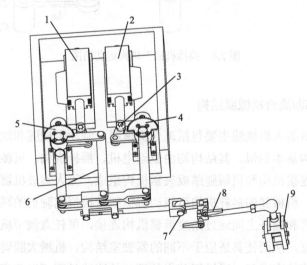

图 2.3　换挡机械手结构

1-选挡电磁直线执行器　2-挂挡电磁直线执行器　3-直线变旋转连杆机构　4-挂挡角度传感器　5-选挡角度传感器
6-二自由度七连杆换挡机构　7-角度调整机构　8-紧固手柄　9-车辆换挡手柄抓手

无人驾驶机器人换挡机械手机构运动简图如图 2.4 所示。如图 2.3 所示七连杆长分别为 L_{11}、L_{12}、L_{21}、L_{22}、L_{31}、L_{32}、L_{PC}，三个旋转基座分别为 O_1、O_2 和 O_3。给旋转基座 O_2 施加一个驱动力矩即可完成换挡机械手的横向选挡工作，给旋转基座 O_3 施加一个驱动力矩即可完成换挡机械手的纵向挂挡工作，该机构只要七连杆长度选择适当即可实现选挡动作和挂挡动作的运动解耦，即当换挡机械手处于选挡过程中在挂挡方向上运动位移尽可能小，当换挡机械手处于挂挡过程中在选挡方向上的位移尽可能小。无人驾驶机器人换挡机械手的操作时序是：首先换挡机械手处于空挡位置，当无人驾驶机器人控制系统决策出一个挡位信号时（如 1 挡），控制系统首先在 O_2 施加一个驱动力矩使换挡机械手横向选挡至 1 挡和 2 挡的中央位置（即换挡机械手向左推换挡手柄），随后在 O_3 施加一个驱动力矩使换挡机械手纵向挂挡至 1 挡（即换挡机械手向前推换挡手柄）。无人驾驶机器人换挡机械手的任务就是能够操纵换挡手柄在如图 2.4 所示的"王"字形换挡轨迹内运动。

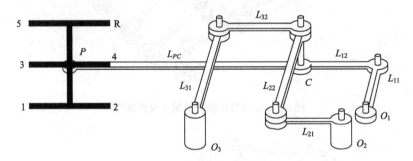

图 2.4　换挡机械手机构运动简图

2.2.2　油门/制动/离合机械腿结构

无人驾驶机器人机械腿主要包括离合机械腿、制动机械腿和油门机械腿，三条机械腿的结构基本相似。其结构均由驱动电机、摇杆机构、机械大腿臂、机械小腿臂、螺纹连接机构和机械腿踏板夹紧机构组成，无人驾驶机器人机械腿结构如图 2.5 所示。机械腿的摇杆机构可驱动机械腿臂模拟驾驶员的踩踏板和松踏板动作，机械腿臂和摇杆之间通过角度调整机构连接，可任意调节机械腿臂与车辆踏板之间的角度，从而使其适应于不同的驾驶室结构；机械大腿臂和小腿臂通过螺纹连接机构连接在一起，通过调节内外螺纹的连接长度可以改变机械腿臂的长度，从而使无人驾驶机器人机械腿臂适应于不同类型驾驶室布局的要求。踏板夹紧机构可保证无人驾驶机器人机械腿能够顺利踩下或松下车辆踏板，从而完成相应驾驶动作。无人驾驶机器人机械腿若要实现用电磁直线执行器驱动，则需要增加一套直线变旋转机构，该部分内容将在无人驾驶机器人电磁直驱方案一节中详细叙述。

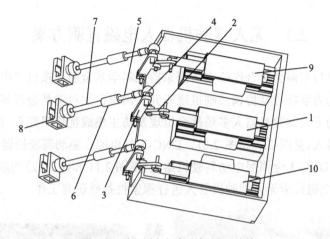

图 2.5 油门/制动/离合机械腿结构

1-制动电磁直线执行器 2-直线变旋转连杆机构 3-摇杆机构 4-角度调整机构 5-机械大腿臂 6-螺纹连接机构
7-机械小腿臂 8-踏板加紧机构 9-油门电磁直线执行器 10-离合电磁直线执行器

2.2.3 转向机械手结构

本书研制的无人驾驶机器人转向机械手主要由底座、角度调整机构、转向伺服电机、等速万向节和转向机械手抓手组成。转向机械手可以通过调整转向调整

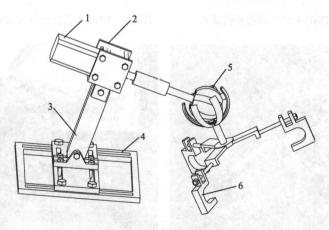

图 2.6 转向机械手结构

1-转向伺服电机 2-电机固定支架 3-角度调整机构 4-底座 5-球笼式万向节 6-转向机械手抓手

机构和转向万向节(球笼式等速万向节)来改变转向抓手的角度,转向机械手的抓手也可来回滑动调整卡扣机构的位置,使之适应于不同车辆驾驶室的要求,从而实现转向机械手能够有效操纵不同车辆方向盘进行转向。转向机械手结构如图2.6所示。

2.3 无人驾驶机器人电磁直驱方案

本课题组与东南大学合作研究了国家自然科学基金面上项目"电磁直驱无人驾驶机器人动力学特性及协调控制机理研究"、国家自然科学基金青年科学基金项目"电磁驱动无人驾驶机器人多场耦合机理及仿生集成优化研究",在DNC-1全气动驾驶机器人(见图 2.7 和图 2.8)、DNC-2 气电混合驱动驾驶机器人(见图 2.9和图 2.10)和 DNC-3 全伺服电动驾驶机器人(见图 2.11 和图 2.12)的基础上,本书针对DNC-4 电磁直驱无人驾驶机器人进行探索性基础研究工作。

图 2.7　DNC-1 全气动驾驶机器人　　　图 2.8　DNC-1 驾驶机器人安装在卡车上

图 2.9　DNC-2 气电混合驱动驾驶机器人　　图 2.10　DNC-2 驾驶机器人安装在轿车上

图 2.11　DNC-3 全伺服电动驾驶机器人　　　图 2.12　DNC-3 驾驶机器人安装在轿车上

本课题组与东南大学合作研制的 DNC 系列驾驶机器人已成功发展到第四代，前三代驾驶机器人（DNC-1、DNC-2 和 DNC-3）已经在底盘测功机上完成了相关试验，其驱动方式在不断升级和改进。DNC-1 系列驾驶机器人采用全气动驱动，气压驱动方式采用气缸进行驱动，使得执行机构和检测控制系统复杂，并且气动执行机构难以实现轨迹控制和多点准确定位。DNC-2 系列驾驶机器人采用气电混合驱动，其换挡机械手采用气动驱动，各机械腿采用电动驱动。DNC-3 系列驾驶机器人采用"伺服电机+滚珠丝杆"驱动，其驱动性能有了很大程度的提高，但由于驱动原理的局限性，其传动效率（存在减速机构）及位移和力的控制精度都相对较低。

针对前三代驾驶机器人的驱动机理存在的不足之处，本课题组研制的 DNC-4 系列无人驾驶机器人换挡机械手和离合/制动/油门机械腿均采用电磁直线执行器（无刷直流直线电机）驱动，转向机械手采用无刷直流直驱旋转电机驱动。电磁直驱无人驾驶机器人的主要结构特征是电磁执行器与其所驱动的无人驾驶机器人机械执行机构直接耦合在一起，不用中间传动及减速机构，结构紧凑，传动高效，可提高整个无人驾驶机器人系统的定位精度、控制精度、重复性、稳定性、可靠性和动态响应。

2.3.1　换挡机械手电磁直驱方案

图 2.4 所示的无人驾驶机器人换挡机械手可在 O_2 和 O_3 轴分别施加驱动力矩完成换挡机械手的选挡和挂挡动作，要想实现换挡机械手的电磁直驱则必须要在 O_2 和 O_3 处分别增加一个直线变旋转机构，本书参考车辆发动机的曲柄连杆机构的工作原理，运用曲柄滑块机构实现无人驾驶机器人换挡机械手的电磁直驱，电

磁直驱换挡机械手机构运动简图如图 2.13 所示。

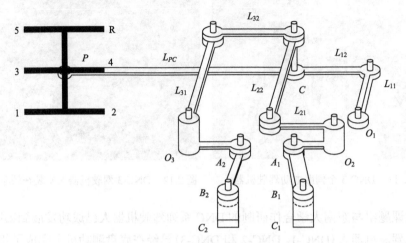

图 2.13　电磁直驱换挡机械手机构运动简图

　　图 2.13 中 B_1C_1 和 B_2C_2 为电磁直线执行器的电机推杆，$O_2A_1B_1C_1$ 和 $O_3A_2B_2C_2$ 分别组成两个曲柄滑块机构，该机构中滑块(直线电机推杆)为主动件，电机推杆分别驱动 O_2A_1 和 O_3A_2 做旋转运动，通过曲柄滑块机构即可将电磁直线执行器的直线运动转化为 O_2 和 O_3 轴所需的旋转运动，从而无人驾驶机器人换挡机械手可实现电磁直接驱动。根据无人驾驶机器人换挡机械手的运动要求，本书换挡机械手的选挡电机和挂挡电机均选择德恩科公司生产的电磁直线执行器(无刷直流直线电机)TB2508，其电机相关性能参数如表 2.1 所示。

表 2.1　德恩科直线电机 TB2508 性能参数

参数	值	参数	值
峰值推力/N	624	最高速度/(m/s)	5.8
连续推力/N	87	推杆直径/mm	25
峰值加速度/(m/s^2)	226	动子长度/mm	225

2.3.2　油门/制动/离合机械腿电磁直驱方案

　　电磁直驱无人驾驶机器人油门/制动/离合机械腿机构运动简图如图 2.14 所示。油门/制动/离合机械腿可通过施加机械腿摇杆一个驱动力矩使无人驾驶机器人油门/制动/离合机械腿操纵车辆踏板完成相关驾驶动作，由此可见离合/制动/油门机械腿电磁直驱的实现也需增加一个直线变旋转机构，本书在摇杆 B 处增加一个连杆 l_1 使其与电磁直线执行器的电机推杆 A 及摇杆 OB 组成一个曲柄滑块机构，即 ABO 组成一个曲柄滑块机构，电磁直线执行器推杆 A 为主动件，直线电机运动即可驱动机械腿摇杆 OB 旋转，从而驱动机械腿臂运动，因此无人驾驶机器人油门/制动/离合机械腿可实现电磁直接驱动。

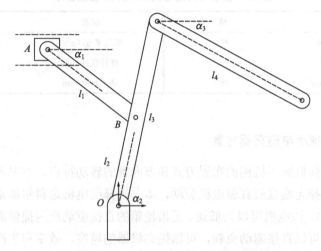

图 2.14　电磁直驱无人驾驶机器人机械腿机构运动简图

　　无人驾驶机器人机械腿的结构虽然相似，但各机械腿的运动要求差别很大，本书离合机械腿的驱动装置选择德恩科公司产的电磁直线执行器（无刷直流直线电机）TB2506，制动机械腿的驱动装置选择德恩科公司的电磁直线执行器 XHA3810，油门机械腿的驱动装置选择德恩科公司的电磁直线执行器 STA2510。电磁直线执行器的电机性能参数如表 2.2~表 2.4 所示。

表 2.2　德恩科直线电机 TB2506 性能参数

参数	值	参数	值
峰值推力/N	468	最高速度/(m/s)	7
连续推力/N	70	推杆直径/mm	25
峰值加速度/(m/s²)	208	动子长度/mm	200

表 2.3　德恩科直线电机 XHA3810 性能参数

参数	值	参数	值
峰值推力/N	1860	最高速度/(m/s)	2.6

续表

参数	值	参数	值
连续推力/N	276	推杆直径/mm	38
峰值加速度/(m/s²)	391	动子长度/mm	200

表 2.4　德恩科直线电机 STA2510 性能参数

参数	值	参数	值
峰值推力/N	780	最高速度/(m/s)	4.2
连续推力/N	102	推杆直径/mm	25
峰值加速度/(m/s²)	586	动子长度/mm	200

2.3.3　转向机械手电磁直驱方案

考虑到转向机械手机构的布置方式和方向盘的转动特点，本书的转向机械手的驱动方式选择无刷直流直驱电机驱动，本书选择的电机是科尔摩根无刷直流直驱电机 TKM51。该电机可以为低速、无齿轮箱的直接驱动应用提供高性能的解决方案。该电机可以直接驱动负载，可以提高机器的精度、效率和生产率，并且由于无需减速机构，还可消除背隙并降低噪声。作为低速、高转矩的电机，TKM 电机不受负载影响，电机转动惯量低并且易于控制，因而适合应用于转向机械手的电磁直接驱动。科尔摩根电机 TKM51 的相关性能参数如表 2.5 所示。

表 2.5　科尔摩根电机 TKM51 的相关性能参数

参数	数值	参数	数值
额定转矩/N·m	24	峰值电流/A	3.9
额定速度/(r/min)	250	峰值转矩/N·m	36
额定功率/kW	0.41	转矩常数/(N·m/A)	9.23
额定电流/A	2.6	反电动势/[V/(kr/min)]	764
质量/kg	18	电机常数/(N·m/$\sqrt{W}$)	3.48

无人驾驶机器人转向机械手的无刷直流直驱旋转电机与车辆方向盘转动角度之间的关系为

$$\delta_s = \delta \cdot i_r \cdot i_u \tag{2.1}$$

式中，δ_s 为无人驾驶机器人转向机械手伺服电机转动角度；δ 为方向盘转动角；

i_r 为减速器传动比，由于转向机械手采用电磁直接驱动，$i_r = 1$；i_u 为万向节的传动比，本书采用球笼式等速万向节，因此令 $i_u = 1$。由于无人驾驶机器人转向机械手的转角与其驱动电机轴的转角一致，因此有

$$\delta_s = \delta \tag{2.2}$$

2.4　无人驾驶机器人控制系统设计

2.4.1　无人驾驶机器人控制系统结构

　　电磁驱动无人驾驶机器人检测控制系统主要完成传感器的信号采集处理与执行机构的输出控制。电磁驱动无人驾驶机器人控制系统结构如图 2.15 所示。电磁驱动无人驾驶机器人控制系统以 TMS320F2812 DSP（数字信号处理器）芯片为核心，DSP 接收各执行机构的当前位置、直线电机的位移与电流、车速与发动机转速等信息，接着把这些信息通过串口通信传输到工控机，然后根据所得到的输入数据与预先输入至存储器中的试验循环工况数据，计算并实时地输出执行机构指令信号。工控机还控制发动机的起动与停止。各执行机构的驱动直线电机采用 PWM 的控制方式，直线电机的控制算法采用位移和电流的双闭环控制策略，伺服控制单元接收 DSP 控制单元信号后驱动直线电机，实现对直线电机的控制。无人驾驶机器人通过改变传送给驱动电路的 PWM 信号的极性和占空比，控制器改变应用到直线电机的电压，驱动电路放大控制信号，提供饱和电流以驱动电机。无人驾驶机器人由直线电机驱动换挡机械手及油门、制动、离合机械腿等分别操纵变速器换挡杆、油门踏板、制动器踏板、离合器踏板。

　　油门机械腿采用直线电机驱动控制方式，以实现油门的高精度定位；制动机械腿采用直线电机驱动，通过自调节制动力大小实现对制动减速度的控制；离合机械腿采用直线电机驱动，实现离合机械腿回收速度的调节，满足起步和换挡过程中离合器动作的快慢要求；换挡机械手是无人驾驶机器人系统的关键执行部件，它采用七连杆二自由度闭链机构，采用两个关节角位移传感器反馈移动信息，根据角位移确定机械手的空间位移坐标，在不需要对车辆换挡机构进行改造的前提下，实现选挡和挂摘挡两个方向运动的机械解耦，最终实现对无人驾驶机器人机械手的精确控制。无人驾驶机器人控制系统完成对信号的测量、诊断以及对执行机构的运动控制，同时与工控机（上位机）、示教盒进行通信。

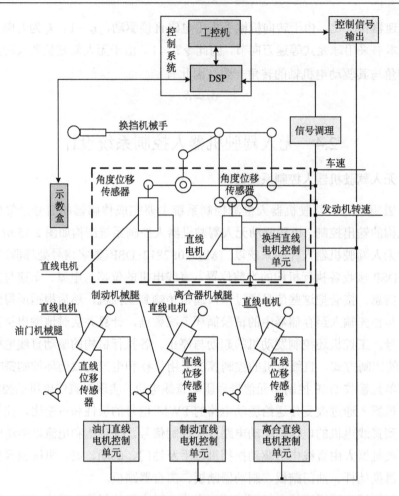

图 2.15　电磁驱动无人驾驶机器人控制系统结构

2.4.2　无人驾驶机器人示教再现系统[68, 69]

　　示教盒主要是方便试验人员在驾驶室内对无人驾驶机器人油门、制动、离合机械腿以及换挡机械手进行位置示教和再现。示教盒与无人驾驶机器人控制计算机之间采用串行通信的方式，示教盒将工作人员想要机器人完成的动作指令发送给控制计算机，由计算机控制机器人进行相应的位置采集和运动控制，从而进一步达到控制目的。示教盒结构如图 2.16 所示。

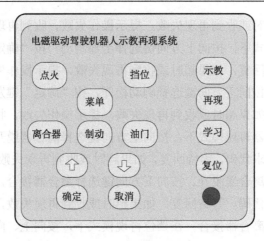

图 2.16　示教盒结构

示教盒硬件结构采用 89S52 芯片为微处理器，由盒体、键盘、显示屏、控制电路等组成。键盘采用轻巧超薄的薄膜开关，控制电路主要由控制键盘上的功能键和参数设定键组成。操纵者通过键盘输入信息，来实现机器人的运动、记忆、停止和结束等功能。参数设定键用于设定示教时转动轴的运动速度，实现对机器人运动速度、运动方式及示教点位置信息的控制和存储，选用 8279 为键盘控制芯片。采用液晶显示各种提示信息、坐标位置信息、状态信息。程序存放在只读程序存储器 27128 中，数据存放在数据存储器 6264 中。示教盒与主机的通信采用 RS-232C 标准串口进行通信，会自动识别键号，并送入堆栈中存放，同时产生中断请求信号向 CPU 申请中断。CPU 响应中断后，在中断服务程序寄存器中读出键值，根据键值可判断哪一个键按下，同时将对应键的控制指令传送给主机，通过调用相应的程序来控制机器人的运动。

连接好电缆后，长按任意键(一般为 5 秒钟)，系统启动。在主菜单下按下"示教"键进入系统示教功能，接着分别按下"油门"键、"制动"键、"离合"键、"换挡"键，进入油门、制动、离合和换挡示教功能。以挡位示教为例，试验人员首先进入示教模式，机器人将离合器踩下，然后试验人员握着换挡机械手的手柄顺次运动到所需的挡位，计算机自动将当前的选挡位置和挂挡位置记录下来。再现过程将进行挡位的再现运动，试验人员可以很方便地查看示教结果。

在主菜单下选择"再现"操作，实现对油门、制动、离合器、挡位的再现。在油门再现模式下，按向上方向键选择油门全开，按"确定"键发送油门全开请求代码，等待回复，如果超时或收到再现失败，提示操作失败，收到再现成功提示油门全开。按向下方向键选择油门全闭，按"确定"键发送油门全闭请求代码，等待回复，如果超时或收到再现失败，提示操作失败，收到再现成功提示油门全闭；在制动再现模式下，按向上方向键选择全部制动，按"确定"键发送全部制动请求代码，等待回复，如果超时或收到再现失败，提示操作失败，收到再现成功提示全部制动。按向下方向键选择制动松开，按"确定"键发送制动松开请求代码，等待回复，如果超时或收到再现失败，提示操作失败，收到再现成功提示制动松开；在离合器再现模式下，按向上方向键选择离合器脱开，按"确定"键发送离合器脱开请求代码，等待回复，如果超时或收到再现失败，提示操作失败，收到再现成功提示离合器脱开。按向下方向键选择离合器接合，按"确定"键发送离合器接合请求代码，等待回复，如果超时或收到再现失败，提示操作失败，收到再现成功提示离合器接合；在挡位再现模式下，按向上、向下方向键依次来回选择挡位，按"确定"键发分别发送换挡请求代码，等待回复，如果超时或收到再现失败，提示操作失败，收到再现成功提示换挡成功。

2.5　本章小结

　　本章首先分析了无人驾驶机器人换挡机械手、转向机械手和油门/制动/离合机械腿等各执行机构的基本性能要求；接着研究了无人驾驶机器人各执行机构的结构特点，并分析了无人驾驶机器人各执行机构的结构如何适应不同车型驾驶室的要求；然后根据无人驾驶机器人的结构特点提出了各执行机构的电磁直驱设计方案，并由此选择了合适的电磁执行器；最后进行了无人驾驶机器人控制系统结构和无人驾驶机器人示教再现系统设计。

第3章 无人驾驶机器人动态特性及智能优化

3.1 无人驾驶机器人运动学和动力学模型

机器人运动学模型描述了输入输出之间位移(转角)关系,动力学模型描述了输入输出之间力与(角)速度或(角)加速度的关系。

3.1.1 换挡机械手运动学和动力学模型

1. 换挡机械手运动学模型

将如图 2.4 所示的二自由度七连杆机构分解成三开链结构,二自由度七连杆换挡机械手三开链机构如图 3.1 所示,分别按照相同 DH 坐标系的建立标准构建 DH 坐标系[70],则各开链的位置变换矩阵为

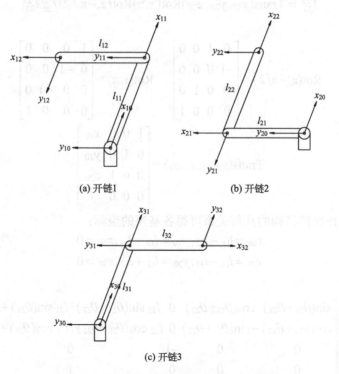

(a) 开链1   (b) 开链2

(c) 开链3

图 3.1 无人驾驶机器人换挡机械手三开链机构

$$T_{ij-1}^{i} = \begin{bmatrix} \cos(\theta_{ij}) & -\sin(\theta_{ij}) & 0 & l_{ij}\cos(\theta_{ij}) \\ \sin(\theta_{ij}) & \cos(\theta_{ij}) & 0 & l_{ij}\sin(\theta_{ij}) \\ 0 & 0 & 1 & 0 \\ 0 & 0 & 0 & 1 \end{bmatrix} \tag{3.1}$$

式中，$i(i=1,2,3)$ 表示开链序号；$j(j=1,2)$ 表示开链中连杆序号；T_{ij-1}^{ij} 表示坐标系 $x_{ij}y_{ij}$ 在坐标系 $x_{ij-1}y_{ij-1}$ 中的变换矩阵；θ_{ij} 表示坐标系 $x_{ij}y_{ij}$ 与 $x_{ij-1}y_{ij-1}$ 两者之间 x 轴之间的夹角。

根据变换的传递规则，有

$$T_{10}^{12} = T_{10}^{11}T_{11}^{12} = \begin{bmatrix} \cos(\theta_{11}+\theta_{12}) & -\cos(\theta_{11}+\theta_{12}) & 0 & l_{12}\cos(\theta_{11}+\theta_{12})+l_{11}\cos(\theta_{11}) \\ \sin(\theta_{11}+\theta_{12}) & \cos(\theta_{11}+\theta_{12}) & 0 & l_{12}\sin(\theta_{11}+\theta_{12})+l_{11}\sin(\theta_{11}) \\ 0 & 0 & 1 & 0 \\ 0 & 0 & 0 & 1 \end{bmatrix} \tag{3.2}$$

以 O_2 为基准所建立的 DH 坐标系要变换为以 O_1 为原点的相对坐标，则要经过三步变换：首先以 O_2 为基准所建立的 DH 坐标系要先绕 z 轴旋转$-90°$，然后要绕 x 轴旋转 $180°$，最后再进行平移变换，即

$$T_{20}^{22} = \text{Trans}(x_{20}, y_{20}, z_{20})\text{Rot}(x, \pi)\text{Rot}(z, -\pi/2)T_{20}^{21}T_{21}^{22} \tag{3.3}$$

其中：

$$\text{Rot}(z, -\pi/2) = \begin{bmatrix} 0 & 1 & 0 & 0 \\ -1 & 0 & 0 & 0 \\ 0 & 0 & 1 & 0 \\ 0 & 0 & 0 & 1 \end{bmatrix}, \quad \text{Rot}(x, \pi) = \begin{bmatrix} 1 & 0 & 0 & 0 \\ 0 & -1 & 0 & 0 \\ 0 & 0 & -1 & 0 \\ 0 & 0 & 0 & 1 \end{bmatrix} \tag{3.4}$$

$$\text{Trans}(x_{20}, y_{20}, z_{20}) = \begin{bmatrix} 1 & 0 & 0 & x_{20} \\ 0 & 1 & 0 & y_{20} \\ 0 & 0 & 1 & z_{20} \\ 0 & 0 & 0 & 1 \end{bmatrix} \tag{3.5}$$

根据连杆换挡机构的几何关系可得各基座的坐标：

$$x_{20} = l_{11} - l_{22}, y_{20} = l_{12} - l_{21}, z_{20} = 0 \tag{3.6}$$

$$x_{30} = l_{11} - l_{31}, y_{30} = l_{12} + l_{32}, z_{30} = 0 \tag{3.7}$$

因此：

$$T_{20}^{22} = \begin{bmatrix} \sin(\theta_{21}+\theta_{22}) & \cos(\theta_{21}+\theta_{22}) & 0 & l_{22}\sin(\theta_{21}+\theta_{22})+l_{21}\sin(\theta_{21})+x_{20} \\ \cos(\theta_{21}+\theta_{22}) & -\sin(\theta_{21}+\theta_{22}) & 0 & l_{22}\cos(\theta_{21}+\theta_{22})+l_{21}\cos(\theta_{21})+y_{20} \\ 0 & 0 & -1 & 0 \\ 0 & 0 & 0 & 1 \end{bmatrix} \tag{3.8}$$

　　同理可知以 O_3 为基准所建立的 DH 坐标系要变换为以 O_1 为原点的相对坐标，则要经过两步变换：首先 O_3 为基准所建立的 DH 坐标系要先绕 x 轴旋转 180°，然后再进行平移变换，即

$$T_{30}^{32} = \mathrm{Trans}(x_{30}, y_{30}, z_{30})\mathrm{Rot}(x, \pi)T_{30}^{31}T_{31}^{32} \tag{3.9}$$

其中：

$$\mathrm{Rot}(x, \pi) = \begin{bmatrix} 1 & 0 & 0 & 0 \\ 0 & -1 & 0 & 0 \\ 0 & 0 & -1 & 0 \\ 0 & 0 & 0 & 1 \end{bmatrix} \tag{3.10}$$

$$\mathrm{Trans}(x_{30}, y_{30}, z_{30}) = \begin{bmatrix} 1 & 0 & 0 & x_{30} \\ 0 & 1 & 0 & y_{30} \\ 0 & 0 & 1 & z_{30} \\ 0 & 0 & 0 & 1 \end{bmatrix} \tag{3.11}$$

因此：

$$T_{30}^{32} = \begin{bmatrix} \cos(\theta_{31}+\theta_{32}) & -\sin(\theta_{31}+\theta_{32}) & 0 & l_{32}\cos(\theta_{31}+\theta_{32})+l_{31}\cos(\theta_{31})+x_{30} \\ -\sin(\theta_{31}+\theta_{32}) & -\cos(\theta_{31}+\theta_{32}) & 0 & -l_{32}\sin(\theta_{31}+\theta_{32})-l_{31}\sin(\theta_{31})+y_{30} \\ 0 & 0 & -1 & 0 \\ 0 & 0 & 0 & 1 \end{bmatrix} \tag{3.12}$$

则有

$$\begin{aligned} x_C &= l_{12}\cos(\theta_{11}+\theta_{12})+l_{11}\cos(\theta_{11}) = l_{22}\sin(\theta_{21}+\theta_{22})+l_{21}\sin(\theta_{21})+x_{20} \\ &= l_{32}\cos(\theta_{31}+\theta_{32})+l_{31}\cos(\theta_{31})+x_{30} \end{aligned} \tag{3.13}$$

$$\begin{aligned} y_C &= l_{12}\sin(\theta_{11}+\theta_{12})+l_{11}\sin(\theta_{11}) = l_{22}\cos(\theta_{21}+\theta_{22})+l_{21}\cos(\theta_{21})+y_{20} \\ &= -l_{32}\sin(\theta_{31}+\theta_{32})-l_{31}\sin(\theta_{31})+y_{30} \end{aligned} \tag{3.14}$$

进一步可得

$$x_P = x_C + l_{PC}\cos(\theta_{11}+\theta_{12}) \tag{3.15}$$

$$y_P = y_C + l_{PC}\sin(\theta_{11}+\theta_{12}) \tag{3.16}$$

　　由式 (3.13) 和式 (3.14) 可知：

$$\cos(\theta_{11}+\theta_{12}) = [x_C - l_{11}\cos(\theta_{11})]/l_{12} \tag{3.17}$$

$$\sin(\theta_{11}+\theta_{12}) = [y_C - l_{11}\sin(\theta_{11})]/l_{12} \tag{3.18}$$

　　将式 (3.17) 和式 (3.18) 代入式 (3.15) 和式 (3.16) 可求得

$$x_P = x_C + l_{PC}[x_C - l_{11}\cos(\theta_{11})]/l_{12} \tag{3.19}$$

$$y_P = y_C + l_{PC}[y_C - l_{11}\sin(\theta_{11})]^2 / l_{12} \tag{3.20}$$

联立(3.13)(3.14)两式，化简为如下形式：

$$[x_C - l_{11}\cos(\theta_{11})]^2 + [y_C - l_{11}\sin(\theta_{11})]^2 = l_{12}^2 \tag{3.21}$$

$$[x_C - l_{21}\sin(\theta_{21}) - x_{20}]^2 + [y_C - l_{21}\cos(\theta_{21}) - y_{20}]^2 = l_{22}^2 \tag{3.22}$$

$$[x_C - l_{31}\cos(\theta_{31}) - x_{30}]^2 + [-y_C - l_{31}\sin(\theta_{31}) + y_{30}]^2 = l_{32}^2 \tag{3.23}$$

进一步可解出：

$$\theta_{11} = f_0(x_C, y_C) \tag{3.24}$$

$$[x_C \ \ y_C] = [f_{xC}(\theta_{21}, \theta_{31}) f_{yC}(\theta_{21}, \theta_{31})] \tag{3.25}$$

联立(3.19)(3.20)(3.24)(3.25)式可解出：

$$[x_P \ \ y_P] = [f_{xP}(\theta_{21}, \theta_{31}) f_{yP}(\theta_{21}, \theta_{31})] \tag{3.26}$$

则二自由度七连杆机构换挡机械手的逆解为

$$[\theta_{21} \ \ \theta_{31}] = [f_1(x_P, y_P) f_2(x_P, y_P)] \tag{3.27}$$

2. 换挡机械手动力学模型

基于拉格朗日方程[71]可推导机械手动力学方程，令广义能量 $L=K-P$，其中 K 为系统动能，P 为势能。对于以 O_1 为基坐标的开链 1，其动能 K_1 表示为

$$K_1 = \frac{1}{2}I_{11}\dot{\theta}_{11}^2 + \left[\frac{1}{2}I_{12}\left(\dot{\theta}_{11}^2 + \dot{\theta}_{12}^2\right) + \frac{1}{2}m_{12}v_{12}^2\right] \tag{3.28}$$

式中，I_{11}、I_{12} 为杆 l_{11}、l_{12} 的转动惯量；θ_{11} 和 θ_{12} 为关节角；m_{12} 为杆 l_{12} 的质量；v_{12} 为杆 l_{12} 的质心速度：

$$v_{12}^2 = \dot{x}_{12}^2 + \dot{y}_{12}^2 \tag{3.29}$$

$$\begin{cases} x_{12} = l_{11}\cos\theta_{11} + 0.5l_{12}\cos\theta_{12} \\ y_{12} = l_{11}\sin\theta_{11} + 0.5l_{12}\sin\theta_{12} \end{cases} \tag{3.30}$$

对于以 O_2 为基坐标的开链 2，其动能 K_2 表示为

$$K_2 = \frac{1}{2}I_{21}\dot{\theta}_{21}^2 + \left[\frac{1}{2}I_{22}\left(\dot{\theta}_{21}^2 + \dot{\theta}_{22}^2\right) + \frac{1}{2}m_{22}v_{22}^2\right] \tag{3.31}$$

式中，v_{22} 为杆 l_{22} 的质心速度：

$$v_{22}^2 = \dot{x}_{22}^2 + \dot{y}_{22}^2 \tag{3.32}$$

$$\begin{cases} x_{22} = l_{21}C_{21} + 0.5l_{22}C_{22} \\ y_{22} = l_{11}S_{11} + 0.5l_{22}S_{22} \end{cases} \tag{3.33}$$

对于以 O_3 为基坐标的开链 3:

$$K_3 = \frac{1}{2}I_{31}\dot{\theta}_{31}^2 + \left[\frac{1}{2}I_{32}\left(\dot{\theta}_{31}^2 + \dot{\theta}_{32}^2\right) + \frac{1}{2}m_{32}v_{32}^2\right] \tag{3.34}$$

式中，I_{31}、I_{32} 为杆 l_{31}、l_{32} 的转动惯量；θ_{31} 和 θ_{32} 为关节角；m_{32} 为杆 l_{32} 的质量；v_{32} 为杆 l_{32} 的质心速度：

$$v_{32}^2 = \dot{x}_{32}^2 + \dot{y}_{32}^2 \tag{3.35}$$

$$\begin{cases} x_{32} = l_{31}\cos\theta_{31} + 0.5l_{32}\cos\theta_{32} \\ y_{32} = l_{31}\sin\theta_{31} + 0.5l_{32}\sin\theta_{32} \end{cases} \tag{3.36}$$

杆 l_{PC} 的动能为

$$K_4 = \frac{1}{2}m_{PC}v_{PC}^2 \tag{3.37}$$

系统总势能 $P=0$，代入拉氏方程得广义能量 L：

$$L = K - P = K = K_1 + K_2 + K_3 + K_4 \tag{3.38}$$

因此可以推出 O_2 关节和 O_3 的驱动转矩为

$$\begin{cases} T_{21} = \dfrac{\partial}{\partial t}\left(\dfrac{\partial L}{\partial \dot{\theta}_{21}}\right) - \dfrac{\partial L}{\partial \theta_{21}} \\ T_{31} = \dfrac{\partial}{\partial t}\left(\dfrac{\partial L}{\partial \dot{\theta}_{31}}\right) - \dfrac{\partial L}{\partial \theta_{31}} \end{cases} \tag{3.39}$$

3.1.2　油门/制动/离合机械腿运动学和动力学模型

1. 油门/制动/离合机械腿运动学模型

无人驾驶机器人的机械腿包括离合机械腿、油门机械腿、制动机械腿，其结构原理相同。无人驾驶机器人油门/制动/离合机械腿的结构可分解为两开链结构（见图 3.2）。

设移动副滑块质心为 (x_1, y_1)，建立如图 3.2 所示坐标系。由开链 1 可求出电机位置与关节角的关系式：

$$\begin{cases} x_1 = l_2\cos(\alpha_2) - l_1\cos(\alpha_1) \\ y_1 = l_2\sin(\alpha_2) + l_1\sin(\alpha_1) \end{cases} \tag{3.40}$$

由开链 2 可求出机械腿末端位置坐标：

$$\begin{cases} x = l_3\cos\alpha_2 + l_4\cos\alpha_3 \\ y = l_3\sin\alpha_2 - l_4\sin\alpha_3 \end{cases} \tag{3.41}$$

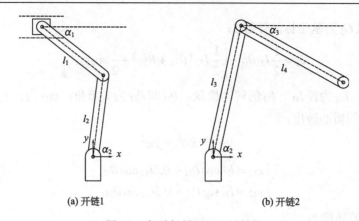

(a) 开链1　　　　　　　　　　　　　(b) 开链2

图 3.2　驾驶机械腿两开链结构

式中，y_1 值是定值，机械腿设计完成时其值是确定的；α_1 是 l_1 杆与水平线的夹角；α_2 是 l_2 与水平线的夹角；l_3 与 l_2 是同一根杆，$l_3 = 2l_2$；α_3 是 l_4 与水平线的夹角，为定值，在调节机械腿踏板时已定好。

由式 (3.40) 可得

$$(x_1 - l_2 \cos\alpha_2)^2 + (y_1 - l_2 \sin\alpha_2)^2 = l_1^2 \tag{3.42}$$

令 $x_1 = x_{10} + \Delta x$，x_1 为滑块的实际横坐标，x_{10} 为初始横坐标，Δx 为电磁直线执行器的运动位移。由于 y_1、x_{10}、l_1、l_2 为定值，因此曲柄转角 α_2 与电磁直线执行器位移的关系如下式：

$$\begin{cases} \alpha_1 = f_1(\Delta x) \\ \alpha_2 = f_2(\Delta x) \end{cases} \tag{3.43}$$

由于 α_3 是根据不同驾驶室结构确定的角度，可以认为是定值，将式 (3.43) 代入式 (3.41) 可得无人驾驶机器人机械腿的执行器末端的运动轨迹方程如下式：

$$\begin{cases} x = f_3(\Delta x) \\ y = f_4(\Delta x) \end{cases} \tag{3.44}$$

根据式 (3.44) 可求出无人驾驶机器人机械腿的运动学逆解如下式：

$$\Delta x = f(x, y) \tag{3.45}$$

2. 油门/制动/离合机械腿动力学模型

采用拉格朗日方程建立机械腿动力学模型，系统动能 K 和系统势能 P 分别如下所示：

$$K = \frac{1}{2} I_2 \dot{\alpha}_2 + \frac{1}{2} I_1 (\dot{\alpha}_1^2 + \dot{\alpha}_2^2) + \frac{1}{2} m_1 (\dot{x}_1^2 + \dot{y}_2^2) + \frac{1}{2} I_3 \dot{\alpha}_2^2 = f_5(\Delta x) \tag{3.46}$$

$$P = \frac{1}{2} m_1 g l_1 \sin \alpha_1 + m_2 g l_2 \sin \alpha_2 + \frac{1}{2} m_3 g l_2 \sin \alpha_2 = f_6(\Delta x) \tag{3.47}$$

式中，I_1、I_2、I_3 为杆 L_1、L_2、L_3 的转动惯量；m_1、m_2、m_3 为杆 L_1、L_2、L_3 的质量；Δx 为电磁直线执行器的行程，代入拉式方程得到广义能量 $L = K - P$ 得到：

$$L = f_7(\Delta x) \tag{3.48}$$

从而无人驾驶机器人机械腿所需的驱动力为

$$F = \frac{\partial}{\partial t}\left(\frac{\partial L}{\partial \dot{\alpha}_1}\right) - \frac{\partial L}{\partial \alpha_1} = f_8(\Delta x) \tag{3.49}$$

3.1.3　转向机械手运动学和动力学模型

1. 转向机械手运动学模型

无人驾驶机器人转向机械手的运动学方程(即无刷直流直驱旋转电机转速与车辆方向盘转速之间的关系)如下式所示：

$$n_s = n_m \cdot i_r \cdot i_u \tag{3.50}$$

式中，n_m 为无人驾驶机器人转向机械手的无刷直流旋转直驱电机的转动角度；n_s 为转向机械手转动速度；i_r 为减速器传动比，由于转向机械手采用电磁直接驱动 $i_r = 1$；i_u 为万向节的传动比，本书采用球笼式等速万向节，因此令 $i_u = 1$。

对转速进行积分运算即可推导出无人驾驶机器人换挡机械手的位置方程：

$$\theta_s = \int_0^{t_0} n_s \mathrm{d}t = \int_0^{t_0} n_m \cdot i_r \cdot i_u \mathrm{d}t \tag{3.51}$$

式中，θ_s 表示从 0 到 t_0 时间段中转向机械手转角位置(即车辆方向盘转角位置)。

2. 转向机械手动力学模型

根据无人驾驶机器人的运动学模型可推导出动力学模型。由式(3.50)可得无刷直流直驱旋转电机角速度与车辆方向盘角速度之间的关系为

$$\omega_s = \omega_m \cdot i_r \cdot i_u \tag{3.52}$$

式中，ω_m 为无人驾驶机器人转向机械手的无刷直流旋转直驱电机的角速度；ω_s 为转向机械手角速度。

根据拉格朗日方程可求出运动系统的动力学方程：

$$T = \frac{\partial}{\partial t}\left(\frac{\partial L}{\partial \dot{\theta}}\right) - \frac{\partial L}{\partial \theta} \tag{3.53}$$

进一步推出无人驾驶机器人转向机械手的动力学方程如下：

$$T = \frac{\partial}{\partial t}\left(\frac{\partial\left(\frac{1}{2}J\omega_s^2\right)}{\partial\omega_s}\right) - \frac{\partial\left(\frac{1}{2}J\omega_s^2\right)}{\partial\theta} = J\dot{\omega}_s - J\dot{\omega}_s\omega_s = J\dot{\omega}_s(1-\omega_s) \quad (3.54)$$

式中，J 为无人驾驶机器人转向机械手的等效转动惯量；$\dot{\omega}_s$ 为无人驾驶机器人转向机械手角加速度。

3.2　无人驾驶机器人动态特性仿真与分析

3.2.1　换挡机械手动态特性仿真与分析

1. 换挡机械手选挡过程运动仿真与分析

无人驾驶机器人换挡机械手选挡过程为选挡直线电机驱动无人驾驶机器人横向运动到达目标位置。图 3.3 和图 3.4 为换挡机械手选挡电机轴运动的位移、速度曲线；图 3.5 和图 3.6 为换挡机械手末端在选挡方向运动的位移、速度曲线。由图可知换挡机械手选挡电机轴在 0.25s 仿真时间内运动 13.35mm 时，换挡机械手末端在选挡方向运动的位移可达到无人驾驶机器人性能要求的最大运动位移 100mm，换挡机械手末端在选挡方向运动速度可达到无人驾驶机器人性能要求的最大速度 0.6m/s。

图 3.7 和图 3.8 为换挡机械手末端选挡过程在挂挡方向运动的位移、速度曲线。由图可知换挡机械手末端在选挡过程中在挂挡方向运动的最大运动位移

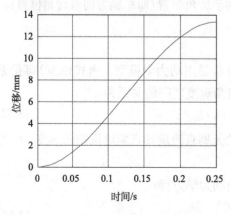

图 3.3　选挡电机轴的运动位移

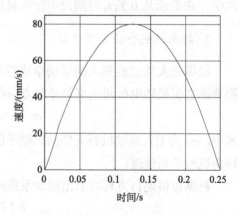

图 3.4　选挡电机轴的运动速度

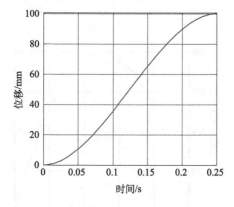

图 3.5　换挡机械手在选挡方向的位移

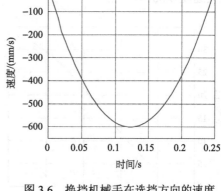

图 3.6　换挡机械手在选挡方向的速度

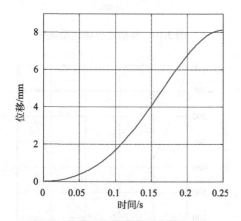

图 3.7　选挡过程在挂挡方向的位移

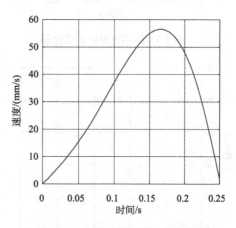

图 3.8　选挡过程在挂挡方向的速度

8.1mm，最大运动速度达到 56mm/s，其选挡过程中在挂挡方向上的运动位移远远大于 2mm 的允许误差。因此换挡机械手的结构尺寸需要进行进一步的优化，从而提高换挡机械手的动态特性。

2. 换挡机械手挂挡过程运动仿真与分析

无人驾驶机器人换挡机械手挂挡过程为挂挡直线电机驱动无人驾驶机器人纵向运动到达目标挡位。图 3.9 和图 3.10 为换挡机械手挂挡电机轴运动的位移、速度曲线；图 3.11 和图 3.12 为换挡机械手末端在挂挡方向运动的位移、速度曲线。由图可知换挡机械手挂挡电机轴在 0.25s 仿真时间内运动 33mm 时，换挡机械手末端在挂挡方向运动的位移可达到无人驾驶机器人性能要求的最大运动位移 100mm，换挡机械手末端在挂挡方向运动速度可达到无人驾驶机器人性能要求的最大速度 0.6m/s。

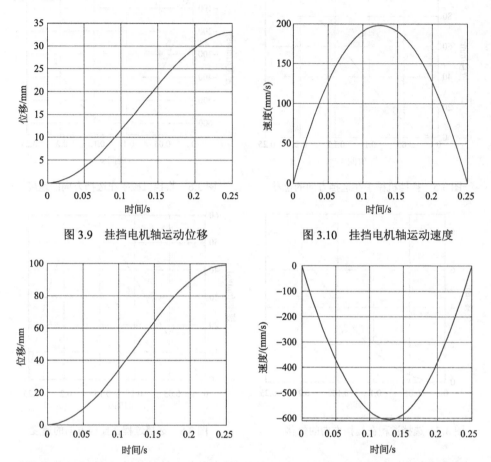

图 3.9　挂挡电机轴运动位移　　　　　　图 3.10　挂挡电机轴运动速度

图 3.11　换挡机械手在挂挡方向的位移　　　图 3.12　换挡机械手在挂挡方向的速度

　　图 3.13 和图 3.14 为换挡机械手末端挂挡过程中在选挡方向运动的位移、速度曲线。由图可知换挡机械手末端在挂挡过程中在选挡方向运动的最大运动位移 9mm，最大运动速度达到 93mm/s，其挂挡过程中在选挡方向上的运动误差远远大于 2mm 的允许误差之内，因此无人驾驶机器人换挡机械手的各连杆尺寸设计并不合理，需重新对其换挡机构进行优化设计。

　　通过以上关于无人驾驶机器人换挡机械手的仿真分析，可知在选挡过程中，换挡机械手末端在挂挡方向运动的最大运动位移 8.1mm，在挂挡过程中在选挡方向运动的最大运动位移 9mm，换挡机械手选挡过程中在挂挡方向的运动误差及挂挡过程中在选挡方向的运动误差均远远大于 2mm 的性能要求，因此二自由度七连杆机构换挡机械手的各连杆尺寸设计并不合理,从而使无人驾驶机器人换挡机械手的动态特性并不理想,因此需重新对无人驾驶机器人换挡机构进行优化设计。

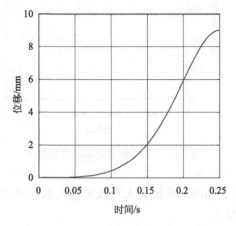

　图 3.13　挂挡过程在选挡方向的位移　　　　图 3.14　挂挡过程在选挡方向的速度

3.2.2　油门/制动/离合机械腿动态特性仿真与分析

1. 油门/制动机械腿动态特性仿真与分析

　　无人驾驶机器人油门/制动机械腿的运动过程为相应的直线电机驱动油门/制动机械腿到达目标油门/踏板位置。图 3.15 和图 3.16 为油门/制动机械腿电机轴的运动位移和速度曲线;图 3.17 和图 3.18 为油门/制动机械腿末端的位移、速度曲线。由图可知油门/制动机械腿电机轴在 1s 仿真时间内运动 100mm 时,油门/制动机械腿末端运动的位移可达到无人驾驶机器人性能要求的最大运动位移 240mm,

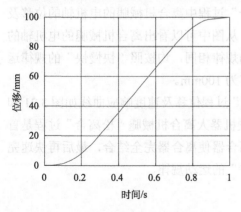
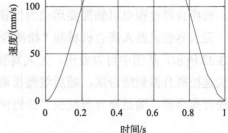

　图 3.15　油门/制动机械腿电机轴运动位移　　图 3.16　油门/制动机械腿挂挡电机轴运动速度

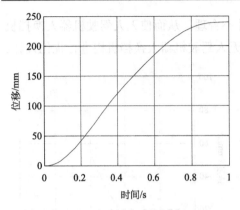

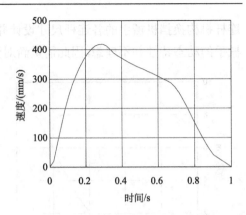

图 3.17　油门/制动机械腿运动位移　　　图 3.18　油门/制动机械腿运动速度

油门/制动机械腿末端的运动速度可达到 0.4m/s，满足无人驾驶机器人油门/制动机械腿最大运动速度应大于 0.4m/s 性能要求。

2. 离合机械腿动态特性仿真与分析

无人驾驶机器人离合机械腿的主要任务是操纵离合器踏板完成车辆平稳起步和换挡任务，离合踏板的操纵时序为先快速踩离合器到底，然后快速松离合器到结合区，随后缓慢松离合器使离合器完全结合，最后再快速完全松开离合器。

无人驾驶机器人离合机械腿完全踩下离合踏板过程的离合机械腿位移及速度的运动特性与油门/制动机械腿一致，参考图 3.15~图 3.18，从图中可知离合机械腿完成 240mm 位移，离合电机轴需要 100mm 位移，其速度曲线光滑平顺，能够顺利地完成加速和减速运动，满足无人驾驶机器人离合机械腿完全踩下行程的驱动特性。

无人驾驶机器人离合机械腿"松离合"过程中离合机械腿的电机轴的位移及速度响应曲线如图 3.19 和图 3.20 所示，从图中可以看出离合机械腿的电机轴的运动规律与离合机械腿"松离合"的运动规律相同，均按照"快慢快"的规律运动，松离合器过程电机轴需要运动的位移为 100mm。

无人驾驶机器人离合机械腿"松离合"过程位移及速度响应曲线如图 3.21 和图 3.22 所示，从图中可以看出，无人驾驶机器人离合机械腿"松离合"过程是首先快速松离合器到结合区，随后缓慢松离合器使离合器完全结合，最后再快速完全松开离合器，满足离合器踏板"快慢快"的运动规律。

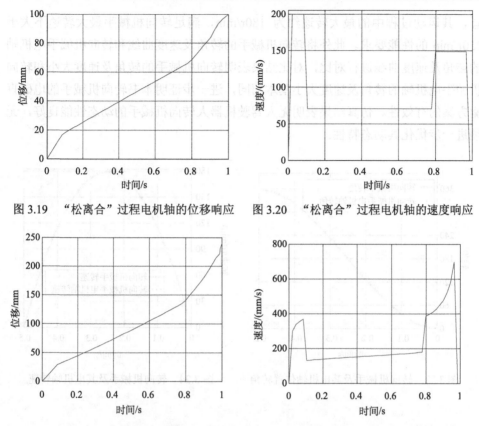

图 3.19　"松离合"过程电机轴的位移响应　图 3.20　"松离合"过程电机轴的速度响应

图 3.21　"松离合"过程离合机械腿位移响应　图 3.22　"松离合"过程离合机械腿速度响应

通过对无人驾驶机器人机械腿的仿真可知油门/制动/离合机械腿末端完成 240mm 的最大位移时所需电机轴的运动位移是 100mm，所需要电机轴的运动位移越大其驱动的电磁执行器行程也就越大，从而使电磁直线执行器的尺寸和重量偏大，不利于驾驶机器人在车辆驾驶室里布置和安装，因此考虑到无人驾驶机器人机械腿动态特性的不足之处，本书需对无人驾驶机器人机械腿的尺寸进行优化，使无人驾驶机器人机械腿运动相同位移时其所需电磁直线执行器的行程最小。

3.2.3　转向机械手动态特性仿真与分析

无人驾驶机器人转向机械手的任务是能够根据预期转向角度和转向速度操纵方向盘准确快速地转动相应角度。图 3.23 为转向机械手及其驱动电机轴运动的转角位置曲线，图 3.24 为转向机械手及其驱动电机轴运动的转速曲线。从图 3.23 和图 3.24 可知 ADAMS 软件仿真的转向机械手能够快速准确到达 360° 的转角位置，其运动过程中的最大转速约为 180r/min，满足转向机械手最大转速不大于 250r/min 的性能要求。此外将转向机械手的转角及速度曲线和转向机械手电机轴的转角及速度曲线进行对比，对比结果表明转向机械手的转角及速度大小和转向机械手电机轴的转角及速度大小基本相同，进一步证明本书转向机械手的电磁直驱方案的有效性。仿真结果表明无人驾驶机器人转向机械手的动态性能良好，无须进一步优化其动态特性。

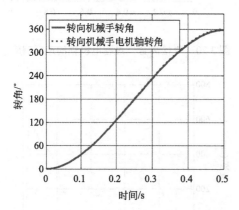 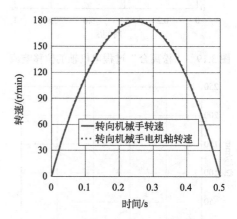

图 3.23　转向机械手及其电机轴位置转角　　　　图 3.24　转向机械手及其电机轴转速

3.3　无人驾驶机器人结构群智能优化

通过无人驾驶机器人各执行机构的动态特性仿真分析可知转向机械手的动态性能良好，无须进一步优化其动态特性，而无人驾驶机器人换挡机械手和离合/制动/油门机械腿的动态特性并不理想，需要进行进一步优化其结构尺寸。

通过无人驾驶机器人换挡机械手的动态特性仿真分析可知，二自由度七连杆换挡机械手机构其各连杆尺寸需要进行优化，使换挡机械手在选挡过程中在挂挡方向上的位移(运动误差)最小，在挂挡过程中在选挡方向上的位移(运动误差)最小。通过无人驾驶机器人离合/制动/油门机械腿的动态特性仿真分析可知，机械腿机构各连杆尺寸需要进行优化设计，使机械腿末端运动相同位移时所需电磁直线执行器的位移最小，从而使电磁直线执行器的尺寸和重量最小，有利于无人驾驶机器人在车辆驾驶室里布置和安装。

以线性规划法、单纯形法、可容变差法、复合形法等为代表的传统机械结构优化方法只能解决数学特征能被精确认识的优化问题，且无法跳出局部优化解，介于传统优化方法的局限性，本书采取基于模拟退火粒子群的群智能优化算法对无人驾驶机器人换挡机械手和各机械腿尺寸结构进行智能优化。

3.3.1 粒子群优化算法

粒子群算法[72](particle swarm optimization，PSO)是 R. Eberhart 和 J. Kennedy 通过对鸟群捕食行为的研究在 1995 年提出来的一种智能优化算法。PSO 算法是从鸟群寻找食物行为特性中得到启发并用于求解优化问题。在 PSO 中每个优化问题的潜在解都可以想象成 r 维搜索空间上的一个点(即"粒子")，所有的粒子都有一个被目标函数决定的适应值，每个粒子还有一个速度决定它们飞行的方向和距离，然后粒子们就追随当前的最优粒子在解空间中搜索。粒子群算法具有搜索速度快、效率高、算法简单、适合于实值型处理等优点，但对于离散的优化问题处理不佳，容易陷入局部最优解，因此需寻求粒子群算法与其他智能算法进行混合提高其优化性能。

3.3.2 模拟退火优化算法

模拟退火算法[73](simulated annealing，SA)为 S. Kirkpatrick、 C. D. Gelatt 和 M. P. Vecchi 在 1983 年所发明，是一种典型的概率模拟算法(Monte Carlo 算法)，其基本思想来源于固体退火原理，将固体加热至充分高的温度，再让其徐徐冷却，加热时，固体内部粒子随温度升高变为无序状，内能增大，而徐徐冷却时粒子渐趋有序，在每个温度都达到平衡态，最后在常温时达到基态，内能减为最小。用固体退火模拟组合优化问题，将内能 E 模拟为目标函数值 f，温度演化成控制参数 T，即得到解组合优化问题的模拟退火算法：由初始解 $p(i)$ 和控制参数初值 T 开始，对当前解重复迭代，并逐步衰减 T 值，直至满足迭代误差条件时得到最优解。模拟退火优化算法计算过程简单，通用性和鲁棒性强，适用于并行处理，可用于求解复杂的非线性优化问题，且由于其基于概率突变原理易跳出局部最小值，但其具有收敛速度慢，执行时间长，算法优化效果与初始值有关等缺点。因此模拟退火优化算法同样需要与其他智能优化算法进行混合使用才能有较好的优化效果。

3.3.3 无人驾驶机器人模拟退火粒子群结构优化

考虑到粒子群优化算法(PSO)容易陷入局部最小值及优化精度较差等缺点，引入模拟退火(SA)优化算法，从而混合成模拟退火粒子群算法对无人驾驶机器人换挡机械手和各机械腿的结构尺寸进行优化。该优化算法结合了粒子群优化算法的全局寻优能力和模拟退火算法较强的跳出局部最优解的能力，从而避免了粒子群优化算法陷入局部极值点，并使 SA 转化成并行算法，提高了算法优化精度。

3.3.4　无人驾驶机器人结构参数优化目标函数和约束条件

1. 换挡机械手结构参数优化目标函数和约束条件

无人驾驶机器人二自由度七连杆换挡机械手是无人驾驶机器人结构最为复杂、工作机理最为烦琐的一个工作系统，本书利用模拟退火粒子群仿生优化算法集成设计换挡机械手各连杆尺寸，使无人驾驶机器人换挡机械手选挡轨迹和挂挡轨迹达到最优，达到控制更加稳定、准确和快速的目标。

通过式 (3.26) 可得无人驾驶机器人 x，y 方向的坐标为

$$x_P = f_{xP}(\theta_{21}, \theta_{31}) \tag{3.55}$$

$$y_P = f_{yP}(\theta_{21}, \theta_{31}) \tag{3.56}$$

通过式 (3.26) 换挡机械手的运动轨迹方程分析无人驾驶机器人的换挡机械手选挡和挂挡过程中的特点从而建立优化目标函数。P 点的运动轨迹与 θ_{21}、θ_{31} 这两个变量有关，这两个变量的系数与换挡机械手连杆尺寸 L_{11}、L_{12}、L_{21}、L_{22}、L_{31}、L_{32} 有关。

最后选取在完成相应的选挡位移时，换挡机械手末端 P 在挂挡方向上运动的位移 Δy_P 最小为选挡过程的优化目标；选取在完成相应的挂挡位移时，换挡机械手末端 P 在选挡方向上运动的位移 Δx_P 最小为挂挡过程的优化目标。在选挡过程中 θ_{21} 转动相应角度，而 θ_{31} 始终为零；在挂挡过程中 θ_{31} 转动相应角度，而 θ_{21} 始终为零。因此 Δy_P 只与 θ_{21} 有关，而 Δx_P 只与 θ_{31} 有关，因此 Δy_P 和 Δx_P 可简化表达为下式：

$$\Delta y_P = f_{xP}(\theta_{21}) - L_{12} - L_{PC} \tag{3.57}$$

$$\Delta x_P = f_{xP}(\theta_{31}) - L_{11} \tag{3.58}$$

从而实现了无人驾驶机器人换挡机械手在选挡和挂挡方向上的机械解耦。因此换挡机械手末端 P 在选挡过程和挂挡过程的优化目标函数分别为

$$\min \Delta y_P = \left| y_P - L_{12} - L_{PC} \right| = f_1(L_{11}, L_{12}, L_{22}) \tag{3.59}$$

$$\min \Delta x_P = \left| x_P - L_{11} \right| = f_2(L_{21}, L_{31}, L_{32}) \tag{3.60}$$

根据驾驶室的空间要求及以往的设计经验可确定各连杆的长度范围，即约束条件，如式 (3.61) 所示：

$$180 < L_{11} < 250, 100 < L_{12} < 250, 70 < L_{21} < 150, 200 < L_{22} < 250, 150 < L_{31} < 200,$$

$$100 < L_{32} < 190, L_{11} + L_{pc} = 600 \tag{3.61}$$

2. 油门/制动/离合机械腿结构优化目标函数和约束条件

无人驾驶机器人离合机械腿、油门机械腿和制动机械腿机构运动简图如图 2.14 和图 3.2 所示，由于各机械腿结构类似于曲柄滑块机构，其自由度为 1，因此只要电磁直线执行器在机械腿驱动轴输入确定的直线运动，无人驾驶机器人各机械腿的运动轨迹就是确定的，将不会出现运动耦合问题，但正是因为机械腿的动力传递路线较短，因此当机械腿运动 240mm 的规定位移时，其驱动的电磁直线执行器的位移也相应很大。电磁直线执行器的工作行程越大其电机尺寸也相应越大，电机价格也越昂贵，另外还对无人驾驶机器人机械腿在无人驾驶机器人机箱内的空间布置有很高要求。因此本书以无人驾驶机器人机械腿完成规定的位移所需要的电磁直线执行器的工作行程最短为优化目标。

根据式 (3.40)~式 (3.45) 可得无人驾驶机器人机械腿的末端位移为

$$d = \sqrt{(x - x_{40})^2 + (y - y_{40})^2}$$
$$= \sqrt{(l_3 \cos \alpha_2 + l_4 \cos \alpha_3 - x_{40})^2 + (l_4 \sin \alpha_2 - l_4 \sin \alpha_3 - y_{40})^2} \tag{3.62}$$

式中，$(x_{40} - y_{40})$ 为无人驾驶机器人机械腿的初始位置坐标；α_3 只与不同驾驶室结构有关，在每次无人驾驶机器人安装在驾驶座椅上以后可以调节成相应角度来适应不同驾驶室要求，可以认为是一个定值；根据式 (3.61) 可得 $\alpha_2 = f_2(\Delta x)$，α_2 的取值与 l_1、l_2 的尺寸有关。因此有

$$d = \sqrt{(x - x_{40})^2 + (y - y_{40})^2}$$
$$= \sqrt{[l_3 \cos(f_2(\Delta x)) + l_4 \cos(\alpha_3) - x_{40}]^2 + (l_4 \sin(f_2(\Delta x)) - l_4 \sin \alpha_3 - y_{40})^2} \tag{3.63}$$

因此进一步可得无人驾驶机器人机械腿逆解如式 (3.64) 所示：

$$\Delta x = f(x, y) = f(d) \tag{3.64}$$

因此无人驾驶机器人机械腿的目标函数如式 (3.65) 所示：

$$J_l = \min \Delta x = \min f(x, y) = \min f(d) = f_l(l_1, l_2, l_3, l_4) \tag{3.65}$$

式中，l_1, l_2, l_3, l_4 为所需要优化的无人驾驶机器人机械腿的结构参数，其约束条件为无人驾驶机器人机械腿在到达死点之前必须完成规定位移的动作，即满足无人驾驶机器人机械腿完成规定位移的动作时，无人驾驶机器人机械腿结构没有到达死点。此外综合考虑车辆驾驶室空间约束和设计经验，其约束条件如式 (3.66)~式 (3.68) 所示：

$$l_2 < y_1 < l_1 + l_2 \sin(\alpha_2) \tag{3.66}$$

$$50 < l_1 < 120, \ 50 < l_2 < 120, \ 100 < l_3 < 240, \ 300 < l_4 < 400 \tag{3.67}$$

$$1.5l_2 < l_3 < 2.5l_2 \tag{3.68}$$

3. 基于模拟退火粒子群算法的无人驾驶机器人结构优化

通过对无人驾驶机器人换挡机械手和各机械腿优化目标函数和约束条件的确定，即可利用模拟退火粒子群算法进行无人驾驶机器人结构优化。基于模拟退火的粒子群算法(SA-PSO)的无人驾驶机器人换挡机械手和机械腿结构尺寸优化流程图如图 3.25 所示，具体包括以下步骤。

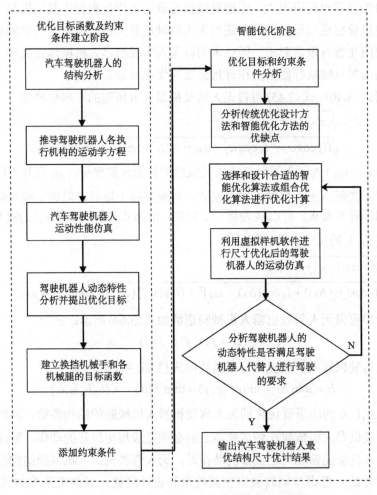

图 3.25　无人驾驶机器人结构群智能优化流程图

(1)初始化粒子群的位置和速度，设置粒子群规模 N、最大迭代次数 D、算法

终止条件、学习因子 c_1，c_2，压缩因子为 $\gamma = 2 / \left(\left| 2 - C - \sqrt{C^2 - 4C} \right| \right)$，其中 $C = c_1 + c_2$。

(2)计算种群中每个微粒的粒子群的适应度。

(3)更新粒子群微粒适应度的局部极小值和全局极小值。

(4)对于粒子群微粒适应度的全局极小值和局部极小值进行模拟退火(SA)邻域搜索，选择出新的全局最优值和局部最优值，比较最优值是否达到算法的终止条件或最大迭代次数，若是寻优程序终止，否则返回(3)继续进行寻优计算，直到达到终止条件为止。

其中步骤(4)所述粒子群微粒适应度的模拟退火(SA)邻域搜索包括以下步骤：

①确定初始温度 t_0、退火温度 T_k 及模拟退火的参数 $\beta(\beta \in (0,1))$。初始温度和退火温度对算法有一定的影响，一般采用如下的初温和退温方式：

$$t_0 = f(P_g) / \ln 5, T_{k+1} = \beta T_k \tag{3.69}$$

②P_i 和 $p(i)$ 含义不一样。迭代计算初始化时设定的初始解 s_1，在求解过程对初始解 s_1 产生一个新的解 s_2。若解 s_2 优于 s_1，则将 s_2 作为当前解（即 $s_1 = s_2$），继续迭代产生新的解 s_2；若解 s_1 优于 s_2，则仍将 s_1 作为当前解，迭代产生新的解 s_2。如此不断迭代计算，当满足迭代终止条件时，输出最后的解。$p(i)$ 表示初始值 s_1；P_i 表示模拟退火算法迭代计算中得到的各粒子的位置和适应度值，类似于 s_2。将当前粒子群中各粒子的位置和适应度值存储在 P_i 中，则可确定当前温度下 P_i 的适配值，其适配值 $TF(P_i)$ 满足以下公式（N 为粒子群规模，f 函数表示目标函数）：

$$TF(P_i) = e^{-(f_{Pi} - f_{Pg})/t} / \sum_{j=1}^{N} e^{-(f_{P1} - f_{Pg})/t} \tag{3.70}$$

③采用轮盘赌策略从所有 P_i 中确定全局最优的某个替代值 P_g' 来替代原粒子群算法的 P_g。P_g 是初始粒子群的全局最优解的值，$P_g = (P_{g1}, P_{g2}, P_{g3}, \cdots, P_{gD})^T$，其中 D 表示搜索空间的维数，相应的 P_{gi} 表示初始化粒子群第 i 维的全局最优解（$i=1, 2, \cdots, D$）。这种处理有利于克服粒子群算法易陷入全局最小值的弱点，则基于模拟退火粒子群更新各微粒的速度和位置公式为

$$v_{i,j}(k+1) = \gamma[v_{i,j}(k) + c_1 r_1(p_{i,j}(k) - x_{i,j}(k)) + c_2 r_2(p_{i,j}'(k) - x_{i,j}(k))] \tag{3.71}$$

$$x_{i,j}(k+1) = x_{i,j}(k) + v_{i,j}(k+1), (j=1,\cdots,n) \tag{3.72}$$

式中，c_1、c_2 表示学习因子；r_1、r_2 为相互独立的伪随机数，在[0,1]上服从均匀分布；x,v 分别代表粒子群各粒子的位置和速度。

④计算各微粒新的目标值，更新各微粒的局部极小值及群体的全局极小值。

⑤进行退温操作，若满足停止条件，搜索停止，输出结果，否则返回②继续搜索。

模拟退火粒子群混合优化算法的算法流程图如图 3.26 所示。

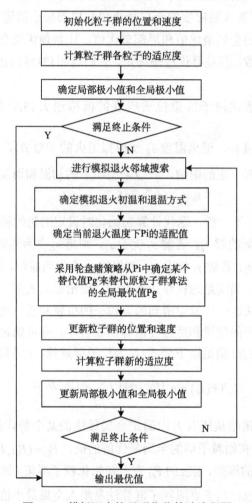

图 3.26　模拟退火粒子群优化算法流程图

4. 无人驾驶机器人结构优化结果分析

按照上述优化步骤进行 MATLAB 编程计算，即可进行无人驾驶机器人换挡机械手和机械腿的结构尺寸优化。通过以上关于无人驾驶机器人结构进行模拟退火粒子群智能优化，得到了优化之后的结构尺寸参数。无人驾驶机器人换挡机械手模拟退火粒子群智能优化的结构参数为 $L_{11}=183$ ，$L_{12}=181$ ，$L_{21}=128$ ，$L_{22}=244$ ，$L_{31}=174$ ，$L_{32}=119$ 。无人驾驶机器人模拟退火粒子群智能优化的结构参数为 $L_1=104$ ，$L_2=98$ ，$L_3=240$ ，$L_4=359$ 。

通过模拟退火粒子群优化方法可得无人驾驶机器人二自由度七连杆机构换挡机械手的各连杆尺寸。将优化得到的无人驾驶机器人换挡机械手各连杆尺寸参数进行运动学仿真，并与基于复合形法和可容变差法优化的无人驾驶机器人换挡机械手尺寸进行比较。三种优化方法优化的换挡机械手各连杆尺寸如表 3.1 所示。

表 3.1　不同优化方法下换挡机械手的各连杆尺寸

优化方法	L_{11}/mm	L_{12}/mm	L_{21}/mm	L_{22}/mm	L_{31}/mm	L_{32}/mm	L_{PC}/mm
模拟退火粒子群	183	181	128	244	174	119	419
复合形法	180	140	110	225	170	90	460
可变容差法	200	240	100	240	175	150	360
原始尺寸	180	120	120	230	230	120	480

通过对无人驾驶机器人换挡机械手进行运动学仿真可得到换挡机械手选挡和挂挡过程的轨迹误差。无人驾驶机器人换挡机械手选挡过程在挂挡方向的轨迹误差如图 3.27 所示，无人驾驶机器人换挡机械手结构尺寸为原始尺寸时，换挡机械手选挡过程在挂挡方向的轨迹误差约为 8.1mm，利用复合形方法优化的轨迹误差约为 4.4mm，利用可变容差法方法优化的轨迹误差约为 3.5mm，利用基于模拟退火粒子群优化方法的轨迹误差约 1.7mm。模拟退火粒子群优化的结果满足无人驾驶机器人换挡机械手选挡过程 2mm 的允许误差，而复合形法优化和可容变差法优化的结果达不到误差要求。图 3.27 曲线对比结果表明，利用模拟退火粒子群群智能混合优化算法优化的换挡机械手其动态特性有很大提高，且优化效果较于传统的单一优化效果有所提升。

无人驾驶机器人换挡机械手选挡过程在挂挡方向的速度曲线如图 3.28 表示，无人驾驶机器人换挡机械手结构尺寸为原始尺寸时，换挡机械手选挡过程在挂挡方向的速度约为 56mm/s^2，利用复合形方法优化的速度误差约为 35mm/s^2，利用可容变差法方法优化的速度约为 30mm/s^2，利用基于模拟退火粒子群的优化方法的速度误差约 17 mm/s^2。相比于原始尺寸及其他两种优化方法，无人驾驶机器人换挡机械手选挡过程在挂挡方向的速度大大降低。通过此分析说明了基于模拟退火粒子群(SA-PSO)优化方法的有效性，提高了换挡机械手选挡过程的动态特性。

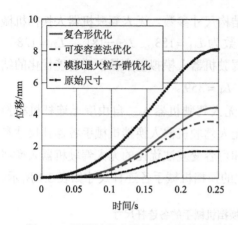

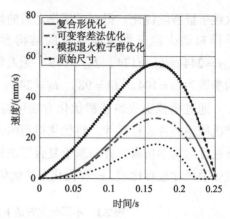

图 3.27　选挡过程在挂挡方向的轨迹误差　　图 3.28　选挡过程在挂挡方向的速度

　　无人驾驶机器人换挡机械手挂挡过程在选挡方向的轨迹误差如图 3.29 所示，当换挡机械手结构尺寸为原始尺寸时，换挡机械手挂挡过程在选挡方向的轨迹误差约为 9.1mm；利用复合形方法优化的无人驾驶机器人的轨迹误差约为 6.7mm；利用可容变差法方法优化的轨迹误差约为 6mm；利用模拟退火粒子群优化方法的轨迹误差约 1.8mm，满足换挡机械手挂挡过程 2mm 的允许误差，而复合形法优化和可容变差法优化的结果达不到误差要求。图 3.29 曲线对比结果表明利用模拟退火粒子群群智能混合优化算法优化的换挡机械手其动态特性有很大提高，且优化效果较于传统的单一优化效果有所提升。

　　无人驾驶机器人换挡机械手挂挡过程在选挡方向的速度如图 3.30 所示，无人驾驶机器人换挡机械手结构尺寸为原始尺寸时，换挡机械手挂挡过程在选挡方向的速度约为 92mm/s²；利用复合形方法优化方法的速度约为 51.6mm/s²；利用可容变差法方法优化的速度约为 43.6mm/s²；利用模拟退火粒子群优化方法的速度误差约 17mm /s²，相比于换挡机械手原始尺寸和其他两种优化方法，无人驾驶机器人换挡机械手挂挡过程在选挡方向的速度大大降低。通过此分析说明了基于模拟退火粒子群(SA-PSO)的无人驾驶机器人挂挡过程的模拟退火粒子群优化方法的有效性，提高了换挡机械手挂挡过程的动态特性。

　　根据模拟退火粒子群算法优化得到的无人驾驶机器人机械腿各连杆尺寸代入式(3.45)可以计算无人驾驶机器人机械腿完成 240mm 位移的动作时其驱动的电磁直线执行器的动子行程，并与基于复合形法和可容变差法优化的无人驾驶机器人机械腿的尺寸进行比较。三种优化方法优化的无人驾驶机器人机械腿各连杆尺寸及所需电机动子行程如表 3.2 所示。

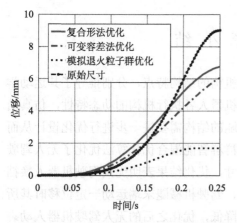

图 3.29　挂挡过程在选挡方向的轨迹误差

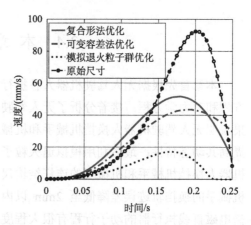

图 3.30　挂挡过程在选挡方向的速度

表 3.2　不同的优化方法下无人驾驶机器人机械腿各连杆尺寸及所需电机动子行程

优化方法	L_1/mm	L_2/mm	L_3/mm	L_4/mm	Δx/mm
模拟退火粒子群	104	98	240	359	65.25
复合形法	79	82	201	303	78.52
可变容差法	74	67	134	316	85.35
原始尺寸	50	92	180	315	100.00

从表 3.2 可知基于模拟退火粒子群算法优化方法得到的结果使机械腿完成 240mm 规定位移时其驱动电机动子行程为 65.25mm，单独用复合形方法优化的结果为 78.52mm，单独用可变容差法优化的结果为 85.35mm，而驾驶机械腿结构保持原始尺寸时其驱动电机动子行程为 100mm。从上述分析可知利用模拟退火粒子群优化方法优化得到的结果使电磁直线执行器的工作行程只需要 65.25mm，其位移远远小于用其他两种方法优化结果，而较小的电磁直线执行器的工作行程使电机的尺寸和质量大大减小，无人驾驶机器人的制造成本也相应降低，更有利于电磁直线执行器在无人驾驶机器人机箱里的布置，由此可见基于模拟退火粒子群（SA-PSO）的无人驾驶机器人机械腿结构优化方法的有效性。

通过以上分析说明了基于模拟退火粒子群（SA-PSO）的无人驾驶机器人结构优化方法的有效性和优越性，通过对无人驾驶机器人的结构进行优化提高了无人驾驶机器人换挡机械手和各机械腿的动态性能。

3.4　本章小结

本章首先根据无人驾驶机器人各执行机构的结构特点，分别推导了其运动学方程和动力学方程；接着分析了无人驾驶机器人各执行机构的动态特性，仿真结果表明无人驾驶机器人换挡机械手和机械腿的结构需要进一步进行优化设计从而提高其动态特性；最后利用模拟退火粒子群群智能混合优化算法优化了无人驾驶机器人换挡机械手和机械腿的连杆结构尺寸，优化结果表明无人驾驶机器人换挡机械手的换挡轨迹误差降低至 2mm 以内，驾驶机械腿末端运动一定位移时其所需电磁直线执行器的动子行程有很大程度降低，优化之后的无人驾驶机器人动态特性得到了提高，验证了基于模拟退火粒子群算法的无人驾驶机器人结构尺寸优化策略的有效性。

第4章　无人驾驶机器人电磁直驱控制及联合仿真

4.1　电磁直线执行器及无刷直流电机驱动控制

4.1.1　电磁直线直驱执行器原理与驱动

无人驾驶机器人换挡机械手和离合/制动/油门机械腿驱动装置均选用电磁直线执行器。本书的电磁直线执行器选择无刷直流直线电机,电磁直线执行器的本体结构如图 4.1 所示。电机本体定子上安装磁钢,动子上安装三相绕组。采用这种方案可以使驱动简单、位置信号检测方便。定子部分由安装在铁轭上的永久磁钢组成(极性交互变化)。动子部分包括电机三相绕组线圈,三相绕组线圈采用星形连接。电机行程由定子长度而定,整个行程中磁通方向交替变化。

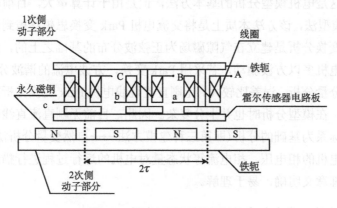

图 4.1　电磁直线执行器本体结构

通常情况下,三相永磁无刷直流直线电机(电磁直线执行器)系统主电路原理图如图 4.2 所示。本系统采用成熟可靠的全桥驱动电路,包括工作电源、三相桥式逆变器以及电机电枢绕组。该电路集功率变换、驱动为一体。由于 S1~S6 端的信号是受单片机的输出信号控制,所以在每个功率开关三极管之前加一个小功率三极管构成复合管,二极管 D 起续流作用,共同构成三相逆变桥组成系统功率变换部分。无刷直流电机的运行方式特点决定了其不能简单地接到普通直流电源上,必须有专门的驱动控制器。一般讲,控制方式很大程度上决定了无刷直流直线电机的运行性能。

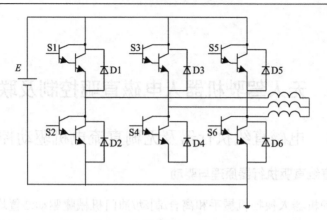

图 4.2　三相逆变器驱动电路

4.1.2　电磁直线直驱执行器建模与控制

目前永磁无刷直流直线电机的数学模型主要存在三种建模方法[74]，一是傅里叶分解法，这是电机模型分析的基本方法，但是由于计算量大，目前较少采用。二是 d-q 轴模型法，该方法本质上是将交流电机 Park 变换思想移植到无刷直流电机中。Park 变换分析是建立在气隙磁场为正弦波分布的基础之上的，由于目前无刷直流直线电机多以方波驱动，若采用 Park 变换，方波电流的谐波分量比较大，仅采用基波分量分析，误差比较大。无刷直流直线电机 Park 变换分析方法不仅存在建模误差，在模型分析时也并十分复杂。因此，目前无刷直流直线电机的建模多以自然坐标系为基础的分析(即第三种建模方法——自然变量分析法)，该方法的实质是以电机的相电压、相电流等状态量对电机的运行过程进行描述，该方法各变量的物理意义明确，易于理解。

1. 无刷直流直线电机本体 SIMULINK 建模

本书利用 MATLAB/SIMULINK 建立无刷直流直线电机(电磁直线执行器)的数学模型，建立模型的假设如下。

(1)假设无刷直流直线电机的磁路是线性的，不考虑饱和效应；

(2)不考虑无刷直流直线电机的齿槽效应及齿吸力。

在上述假设的基础上，无刷直流直线电机(电磁直线执行器)的数学模型如式(4.1)所示：

$$\begin{bmatrix} U_a \\ U_b \\ U_c \end{bmatrix} = \begin{bmatrix} R_a & 0 & 0 \\ 0 & R_b & 0 \\ 0 & 0 & R_c \end{bmatrix} \begin{bmatrix} i_a \\ i_b \\ i_c \end{bmatrix} + \begin{bmatrix} L & M & M \\ M & L & M \\ M & M & L \end{bmatrix} \frac{\mathrm{d}}{\mathrm{d}t} \begin{bmatrix} i_a \\ i_b \\ i_c \end{bmatrix} + \begin{bmatrix} e_a \\ e_b \\ e_c \end{bmatrix} \tag{4.1}$$

对于三相星形连接的电枢绕组，三相电流之和为零，即

$$i_a + i_b + i_c = 0 \tag{4.2}$$

因此三相绕组的电场方程可表示为

$$\begin{bmatrix} U_a \\ U_b \\ U_c \end{bmatrix} = \begin{bmatrix} R_a & 0 & 0 \\ 0 & R_b & 0 \\ 0 & 0 & R_c \end{bmatrix} \begin{bmatrix} i_a \\ i_b \\ i_c \end{bmatrix} + \begin{bmatrix} L-M & 0 & 0 \\ 0 & L-M & 0 \\ 0 & 0 & L-M \end{bmatrix} \frac{\mathrm{d}}{\mathrm{d}t} \begin{bmatrix} i_a \\ i_b \\ i_c \end{bmatrix} + \begin{bmatrix} e_a \\ e_b \\ e_c \end{bmatrix} \tag{4.3}$$

式中，U_a、U_b、U_c 为电机绕组的相电压；i_a、i_b、i_c 为电机绕组的相电流；e_a、e_b、e_c 为电机绕组的感应电动势；L 为每相绕组的自感；M 为每相绕组的互感。

根据电磁感应定律，每相绕组的感应电动势为

$$e = 2NB_\delta L_a v \tag{4.4}$$

式中，N 为每相绕组串联匝数；B_δ 为气隙磁场强度；L_a 为电枢绕组有效长度；v 为动子的速度。

无刷直流直线电磁执行器的电磁力方程为

$$F_e = (e_a i_a + e_b i_b + e_c i_c) / v \tag{4.5}$$

无刷直流直线电磁执行器以及机械结构的动力微分方程为

$$m \frac{\mathrm{d}v}{\mathrm{d}t} = F_e - F_L - Bv \tag{4.6}$$

式中，m 为机电系统等效质量；B 为机电系统的黏滞阻尼系数；F_e 为电机的负载；F_L 为电机的负载。

根据以上理论在 MATLAB/SIMULINK 中建立无刷直流直线电机本体的 SIMULINK 仿真模型，其仿真模型如图 4.3 所示。无刷直流直线电机(电磁直线执行器)本体的 SIMULINK 仿真模型可以计算出直线电机的位置、速度、加速度、反电动势、相电流及电磁推力等物理参数。在无刷直流直线电机本体 SIMULINK 数学模型的基础上加上电机控制系统模型，即可形成完整的电磁直线执行器驱动与控制模型。

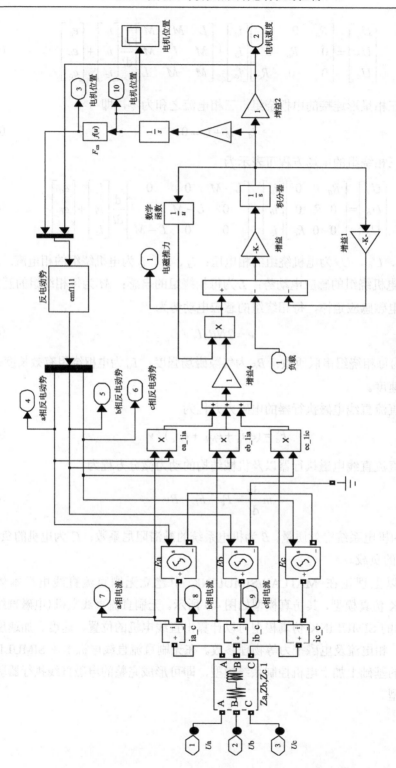

图 4.3 无刷直流直线电机本体 SIMULINK 仿真模型

2. 无刷直流直线电机控制系统 SIMULINK 建模

从严格意义上讲，无刷直流直线电机是一种系统电机，即电机本体与其驱动控制系统密切相关，在对无刷直流直线电机建模分析时应从系统的角度出发，电机模型只有与驱动控制系统联系在一起，才能对整体系统的性能进行准确的分析和预测。

考虑到无人驾驶机器人各执行机构操纵车辆进行自动驾驶时对驱动电机的位置定位要求较高，本书无刷直流直线电机的控制方式采用三环控制（即位置环、速度环和电流环控制），其中位置环为最外环，速度环为中间环，电流环为最内环。根据电机三环控制的输出和电机的位置可调制出 PWM 波形，将 PWM 波形输入到三相逆变器从而驱动电机运动。无刷直流直线电机的三环控制逻辑图如图 4.4 所示。

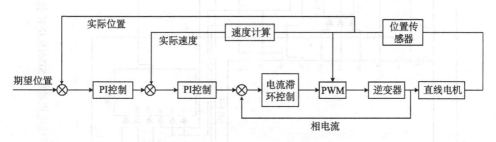

图 4.4　无刷直流直线电机三环控制逻辑

从图 4.4 可知，无刷直流直线电机的期望给定位置与霍尔传感器传回的实际位置进行比较，其差值通过位置 PI 控制器输出为电机指定速度；电机指定速度与实际电机速度进行比较，其差值通过速度 PID 控制器输出为电流环的指定值；电流环采用电流滞环控制，电流环的指定值和电机位置可决策出相应的参考电流，通过比较参考电流和实际相电流的大小，并设置好电流滞环宽度，即可决策出换相逻辑（当参考电流大于实际电流且差值超过电流滞环宽度时，相应逆变器功率管上管导通，下管关断；当参考电流小于实际电流且差值超过滞环宽度时，相应逆变器功率管下管导通，上管关断）。对上述无刷直流直线电机的控制过程进行建模，无刷直流直线电机驱动控制系统 SIMULINK 建模如图 4.5 所示。无刷直流直线电机控制参数如表 4.1 所示。

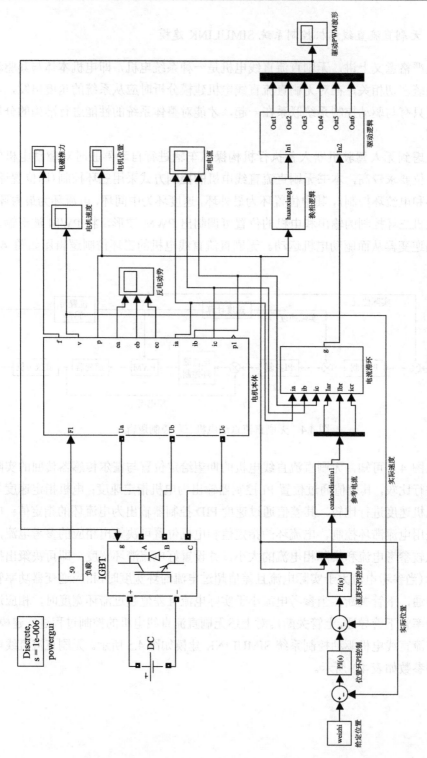

图 4.5　无刷直流直线电机控制 SIMULINK 仿真模型

表 4.1　无刷直流直线电机控制参数

参数	值	参数	值
位置环比例系数 K_{p1}	52	速度环积分系数 K_{i2}	0.48
位置环积分系数 K_{i1}	0.24	速度环微分系数 K_{d2}	0.1
速度环比例系数 K_{p2}	102	电流滞环宽度 λ	0.1

无人驾驶机器人换挡机械手和离合/制动/油门机械腿均要实现位置的精确控制，因此电磁直线执行器的位置伺服控制尤其重要。本章建立的直线无刷直流电机的三环控制仿真模型能实现位置跟踪控制（如图 4.6 所示）和速度跟踪控制（如图 4.7 所示）。从图 4.6 可知，直流无刷电磁直线执行器能够很快地实现对预期给定位置的跟踪，从图中可知电磁直线执行器的预期给定位置是 10mm，所设计的电磁直线执行器三环控制策略能够使电机在 0.07s 左右迅速到达预期指定位置，其位置控制误差约为 0.18mm；从图 4.7 可知电磁直线执行器能够很快地实现对位置环 PI 控制给定速度的跟踪，所设计的电磁直线执行器三环控制策略能够使电机在 0.07s 左右迅速跟踪位置环计算出的给定速度，其速度跟踪误差约为 0.01m/s；以上分析证明直线无刷直流电机的三环控制效果良好。

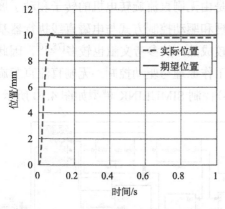

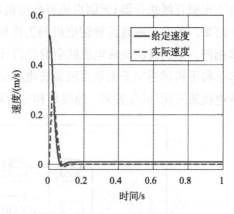

图 4.6　电磁直线执行器位置跟踪　　　图 4.7　电磁直线执行器速度跟踪

无人驾驶机器人离合机械腿等执行机构对电磁直线执行器的速度精确控制也有所要求，若将上文电机三环控制的位置环去掉，则实现电磁直线执行器的速度环和电流环两环控制。电磁直线执行器的速度和电流两环控制仿真模型能实现速度跟踪控制，由图 4.8 和图 4.9 可知，电磁直线执行器的电流环和速度环两环控制策略能够快速地实现对预期给定速度的跟踪控制，其速度跟踪误差为 0.002m/s 左右，电机速度跟踪效果良好。

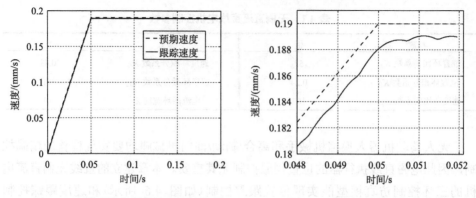

图 4.8　电磁直线执行器速度跟踪控制　　　　图 4.9　速度跟踪的局部放大图

由上述分析可见，本书所建立的电磁直线执行器及控制模型具有良好的位置及速度跟踪性能，并证明了电磁直线执行器数学模型的有效性，可以通过根据无人驾驶机器人各执行机构的不同运动要求来设计不同位置及速度跟踪控制策略。

4.1.3　无刷直流直驱电机原理与驱动控制

根据 2.3 节所述，无人驾驶机器人转向机械手选用无刷直流直驱旋转电机。由于电磁直线执行器(无刷直流直线电机)是由无刷直流旋转电机的转子和动子展平而来，因此无刷直流旋转电机的工作原理和驱动控制方式与电磁直线执行器基本相同。无刷直流旋转电机的研究已经比较成熟，其参考文献也较多[75, 76]，因此本书将不再详述关于无刷直流旋转电机的工作原理与驱动控制。无刷直流直驱旋转电机的三闭环(位置环、速度环和电流环)控制 SIMULINK 模型如图 4.10 所示。

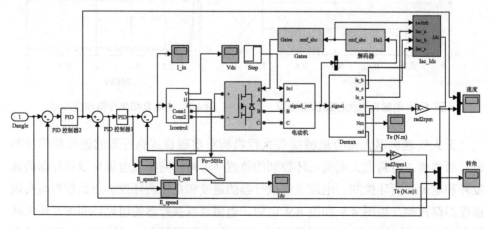

图 4.10　无刷直流直驱旋转电机三环控制 SIMULINK 模型

本章建立的无刷直流直驱旋转电机的三环控制仿真模型能实现位置跟踪控制(如图 4.11 所示)和速度跟踪控制(如图 4.12 所示)。从图 4.11 可知，直流无刷直驱旋转电机能够很快地实现对预期给定位置的跟踪，从图中可知无刷直流电机的预期给定位置是 20°，所设计的无刷直流旋转电机三环控制策略能够使其迅速到达预期指定位置，其位置控制误差约为 0.4°；从图 4.12 可知，无刷直流直驱电机能够很快地实现对位置环 PI 控制给定速度的跟踪，所设计的无刷直流电机三环控制策略能够使电机在迅速跟踪位置环计算出给定速度，其速度跟踪误差约为 1.2r/min。以上分析证明，无刷直流直驱旋转电机的三环控制效果良好。

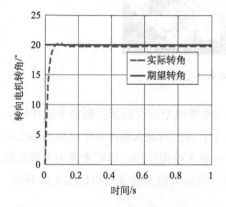 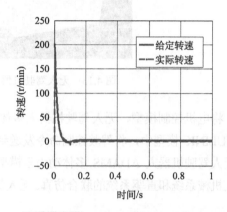

图 4.11　无刷直流直驱旋转电机位置跟踪　　图 4.12　无刷直流直驱旋转电机速度跟踪

4.2　电磁直驱无人驾驶机器人联合仿真与分析

通过对电磁直线执行器的原理及控制进行研究可知无刷直流直线电机具有良好的驱动性能，为了更好地说明电磁直线执行器能够顺利地驱动无人驾驶机器人各执行机构完成相应的驾驶动作，需要建立无人驾驶机器人 ADAMS/SIMULINK 联合仿真模型[77]。运用 SIMULINK 搭建如上节所述的无刷直流直线电磁执行器及其控制系统数学模型，其输出的电磁推力输入到 ADAMS 各执行机构电机的输入轴，可以从 ADAMS/SIMULINK 联合仿真模型中仿真得到无人驾驶机器人末端执行机构的位移、速度等运动特性，通过联合仿真模型分析无人驾驶机器人的电磁直驱控制研究。运用 ADAMS 建立的无人驾驶机器人多体动力学模型如图 4.13 所示。

图 4.13 无人驾驶机器人多体动力学模型

将电机控制模型、无人驾驶机器人多体动力学模型以及驾驶控制命令放在同一
SIMULINK 模型中，将驾驶控制命令发送到各个电机的输入端，各个电机的输出端
与无人驾驶机器人 ADAMS 多体动力学模型的输入端相连接，即可实现无人驾驶机
器人机械系统和直驱系统的联合仿真。无人驾驶机器人联合仿真模型如图 4.14 所示。

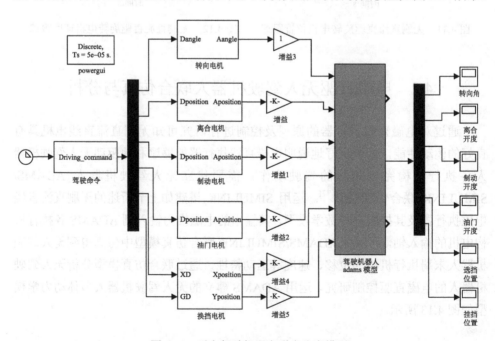

图 4.14 无人驾驶机器人联合仿真模型

图 4.14 中离合/制动/油门驱动电机和换挡驱动电机均采用无刷直流直线电机，其电机结构及控制模型如 4.1 节所述；转向机械手驱动电机选择无刷直流直驱旋转电机，其电机控制模型如 4.2 节所述。

4.2.1　换挡机械手联合仿真与分析

电磁直驱无人驾驶机器人的换挡过程可分解为选挡过程和挂挡过程，在选挡过程中选挡电磁直线执行器驱动换挡机械手完成横向选挡任务，在挂挡过程中挂挡电磁直线执行器驱动换挡机械手完成纵向挂挡任务。譬如换挡机械手需要从二挡换为三挡，则首先换挡机械手应该在挂挡电机的驱动下完成退出二挡动作，随后换挡机械手应该在选挡电机的驱动下完成选挡动作，最后换挡机械手应该在挂挡电机的驱动下完成挂三挡动作。类比以上的换挡流程即可推导其他挡位的换挡操纵顺序。

本书 ADAMS/SIMULINK 联合仿真模拟车辆从一挡换到五挡，再完成从五挡直接挂为空挡的驾驶动作。在选挡过程中换挡机械手位置曲线如图 4.15 所示，其驱动电机运动曲线如图 4.16 所示。在挂挡过程中换挡机械手位置曲线如图 4.17 所示，其驱动电机运动曲线如图 4.18 所示。

由图 4.15~图 4.18 的联合仿真结果可知，无人驾驶机器人用电磁直线执行器能够精确地驱动换挡机械手完成选挡和挂挡动作，换挡机械手的选挡过程和挂挡过程能够实现精确的位置伺服控制，将选挡位置和挂挡位置一一对应，即可以确定换挡机械手所处的挡位信息。该联合仿真结果表明了 4.1 节所设计的电磁直线执行器三环位置伺服控制策略的有效性。

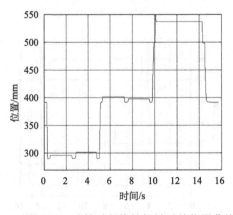

图 4.15　选挡过程换挡机械手的位置曲线

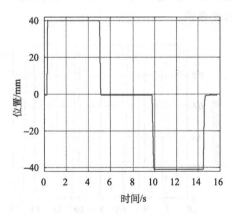

图 4.16　选挡驱动电机的运动曲线

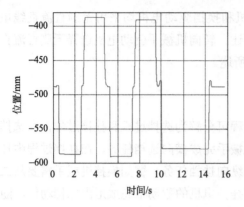 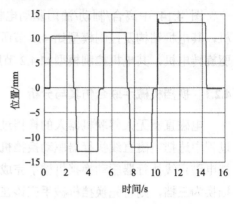

　　图 4.17　挂挡过程换挡机械手的位置曲线　　　图 4.18　挂挡驱动电机的运动曲线

4.2.2　油门/制动/离合机械腿联合仿真与分析

　　车辆换挡是离合、油门和换挡手柄协调工作的过程，换挡时首先离合机械腿踩下离合器，随后换挡机械手操纵换挡手柄换到相应挡位上，最后离合踏板开始缓慢松开，当离合器到达半结合区时可以加少量油门。当挡位从 1 挡换到 5 挡，再由 5 挡直接挂为空挡时，离合机械腿开度和其驱动电机运动曲线如图 4.19 和图 4.20 所示；油门机械腿开度和其驱动电机运动曲线如图 4.21 和图 4.22 所示。由图 4.19 和图 4.20 可知，当挡位从 1 挡换到 5 挡，再由 5 挡直接挂为空挡时，离合机械腿驱动电机能够快速准确地驱动离合机械腿到达目标位置，并且符合车辆离合踏板"快踩慢松"的驾驶规律。由图 4.21 和图 4.22 可知，油门机械腿驱动电机能够快速准确地驱动油门机械腿到达目标位置，满足快速加油门和松油门的驾驶要求。

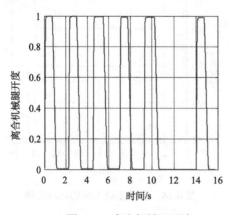 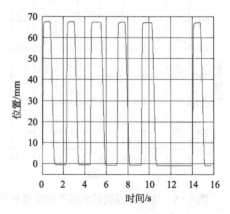

　　　图 4.19　离合机械腿开度　　　　　图 4.20　离合机械腿驱动电机的运动曲线

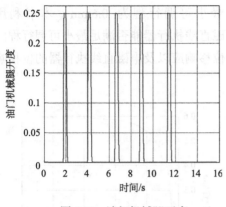
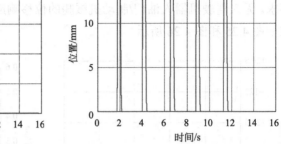

图 4.21　油门机械腿开度　　　　图 4.22　油门机械腿驱动电机的运动曲线

当换挡机械手的挡位由 5 挡直接切换为空挡时，其制动机械腿开度及其驱动电机运动曲线如图 4.23 和图 4.24 所示。由图 4.23 和图 4.24 可知，当制动机械腿驱动电机接收到无人驾驶机器人控制系统发出的制动命令时，制动机械腿电磁直线执行器能够快速准确地驱动制动机械腿到达目标制动位置。

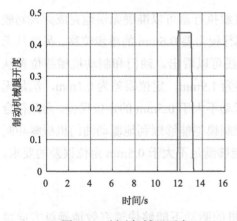
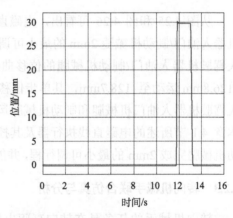

图 4.23　制动机械腿开度　　　　图 4.24　制动机械腿驱动电机的运动曲线

此外，油门机械腿和制动机械腿还需考虑最小可调行程。由于车辆行驶过程中只有当急需紧急加速和紧急制动时才会猛踩油门和制动踏板，而一般情况下油门踏板和制动踏板是逐渐调整的过程，因此无人驾驶机器人的油门机械腿和制动机械腿有最小可调行程的限制。根据车辆油门踏板和制动踏板的动作要求，油门/制动机械腿的最小可调行程为 2~3mm，本书确定的油门/制动机械腿的最小可调行程为 2mm，根据本书第 3 章无人驾驶机器人机械腿的运动学方程可推出油门/

制动机械腿的驱动直线电磁执行器的最小可调行程为 0.6mm。本书利用ADAMS/SIMULINK 的联合仿真来探究电磁直线执行器能否满足最小可调行程的要求。无人驾驶机器人油门/制动机械腿的位移响应以及电磁直线执行器的位移响应如图 4.25 和图 4.26 所示。

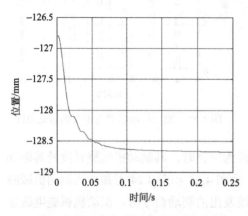 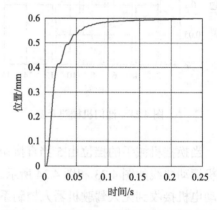

图 4.25　油门/制动机械腿的位移响应　　图 4.26　油门/制动电磁直线执行器位移响应

从图 4.25 和图 4.26 可看出，电磁直线执行器可以准确无误地完成无人驾驶机器人油门/制动机械腿 2mm 的最小可调行程需要 0.6mm 的单步位移。另外从无人驾驶机器人油门/制动机械腿的位移曲线可以看出，油门和制动机械腿位置从–126.8mm 运动至–128.7mm，其单步位移为 1.9mm，定位误差为 0.1mm，满足无人驾驶机器人油门机械腿和制动机械腿运动不大于 0.5mm 的定位误差。因此符合本章 4.1 节所述的电磁直线执行器及其控制模型能够顺利地驱动油门机械腿和制动机械腿完成 2mm 的最小可调行程，并能够满足不大于 0.5mm 定位误差的要求。

4.2.3　转向机械手联合仿真与分析

转向机械手的任务是在转向直驱电机的驱动下能够快速有效地操纵方向盘转动相应角度。在完成规定转向动作时转向机械手的转动角度及其驱动电机的运动曲线如图 4.27 和图 4.28 所示。由图 4.27 和图 4.28 可知，转向机械手转角(即方向盘转角)与其驱动电机(无刷直流直驱旋转电机)的转角基本一致，因此该仿真结果验证了转向机械手电磁直驱方案的有效性。图 4.27 中的期望方向盘转角为某车辆在双移线试验道路行驶时的方向盘转角，可知转向机械手能够按预期期望的方向盘转角运动，运动误差为 0.1°，满足转向机械手操纵方向盘运动误差不超过0.5°的要求。ADAMS/SIMULINK 的联合仿真结果表明，无刷直流直驱旋转电机

及其控制策略能够快速有效地操纵转向机械手转动相应角度，表明了转向机械手
结构设计和驱动控制策略的有效性。

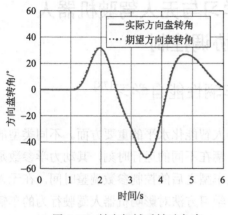

图 4.27　转向机械手转动角度

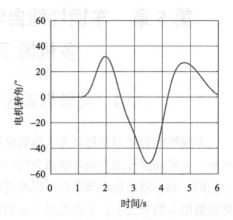

图 4.28　转向机械手驱动电机转角

4.3　本　章　小　结

　　本章首先根据电磁直线执行器的结构与工作原理搭建了电磁直线执行器的
数学模型,并根据电磁直线执行器驱动原理建立了电磁直线执行器的三闭环(位置
环、速度环和电流环)伺服控制模型,仿真结果表明了所设计的控制策略能够精确
地实现电磁直线执行器位置跟踪控制;接着研究了无刷直流直驱电机原理与驱动
控制;最后实现了电磁直驱无人驾驶机器人机械系统和驱动控制系统的联合仿真,
联合仿真表明电磁执行器能够快速准确地驱动无人驾驶机器人各执行机构完成规
定的驾驶动作,进一步验证了电磁执行器三闭环控制策略的有效性。

第 5 章　车辆性能自学习与无人驾驶机器人多机械手协调控制

5.1　驾驶机器人车辆性能自学习[78]

车辆性能自学习是提高无人驾驶机器人智能化水平的重要方面。不同类型的车辆，甚至同型号的不同车辆或者同一车辆在不同的运行时刻，其动力学参数是不同的。为了缩短在不同车况下以及更换车型之后的控制参数调整时间，在无人驾驶机器人的研究中，需要通过一定的自学习方法对影响机器人驾驶行为的车辆动力学参数进行辨识，譬如各挡位的速比、发动机性能、制动性能等，实现车辆控制参数的自学习、自校正、自补偿，以提高驾驶的准确性和精度以及无人驾驶机器人的适应速度和能力，从而提高无人驾驶机器人对不同车型的自适应性以及驾驶动作的自学习能力，对不同类型和型号的车辆进行准确的驾驶操作。

为了缩短无人驾驶机器人在不同车况下以及对不同车型的适应性调整时间，本书提出了一种无人驾驶机器人车辆性能自学习方法。对影响无人驾驶机器人驾驶行为的不同车型车辆尺寸和车辆性能参数进行自学习，对因长时间驾驶引起的控制参数变化进行在线优化，以补偿长时间试验过程中车辆零部件的磨损。

5.1.1　驾驶机器人工作过程

将无人驾驶机器人系统执行机构固定在试验车辆驾驶员座位上，并将执行机构与油门、制动、离合器踏板、变速器操纵杆及点火钥匙连接好后，试验人员首先进行有关参数设定，主要包括：发动机最高转速、发动机最大功率、发动机最大扭矩、变速器挡位速比、车辆质量等车辆参数；驾驶循环行驶工况车速表；试验中运转循环单元的驾驶指令表。然后，试验人员操纵无人驾驶机器人学习有关数据，主要包括：油门、制动、离合器踏板和变速杆的行程和位置，离合器接合点位置，反映油门踏板行程、制动踏板行程与相应的加速性能、制动性能的关系数据等。经参数设定与数据学习后，就可以进行车辆性能试验。无人驾驶机器人系统工作过程如图 5.1 所示。

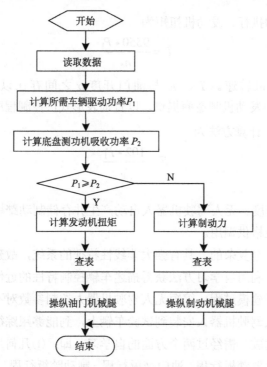

图 5.1　无人驾驶机器人系统工作过程

工作中，系统不断地读取发动机转速、车速及循环行驶工况等数据，并根据这些数据计算出所需的车辆驱动功率，然后与底盘测功机的吸收功率相比，以判断需要加速还是需要减速。若吸收功率小于所需的驱动功率，就需要加速，然后查表获得所需的油门踏板行程；若吸收功率大于所需的驱动功率，就需要减速，通过查表获得所需的制动踏板行程。这里，车辆驱动功率为

$$P_1 = k \cdot \mu_r \cdot M \cdot v + k \cdot C_d \cdot \frac{\rho}{2g \cdot 3.6^2} A \cdot v^3 + k \frac{M + \Delta M}{g} a \cdot v \tag{5.1}$$

式中，P_1 为所需的车辆驱动功率；v 为车速；k 为车辆旋转质量换算系数；M 为车辆质量；ΔM 为转动部分惯性质量；μ_r 为滚动阻力系数；C_d 为空气阻力系数；ρ 为空气密度；A 为车辆迎风面积；g 为重力加速度；a 为加速度。底盘测功机的吸收功率为

$$P_2 = \frac{M'}{g} \cdot \frac{v_2^2 - v_1^2}{2t} \cdot \frac{1}{102} \tag{5.2}$$

式中，P_2 为底盘测功机的吸收功率；M' 为质量加上转动部分惯性质量；v_1 为初始车速；v_2 为跟随速度变化的车速；t 为速度变化所需要的时间。功率测量由无

人驾驶机器人自动执行。发动机扭矩为

$$T = \frac{9550 \cdot P_1}{n_e} \tag{5.3}$$

式中，n_e 为发动机转速。T、n_e 与油门开度 α 之间存在以下非线性关系：$T = f(n_e, \alpha)$，它由发动机制造商提供，以查询表形式供控制程序调用。通过制动器产生制动力 F，计算方法为

$$F = \frac{102 \cdot P_1}{\bar{v}} \tag{5.4}$$

式中，$\bar{v}$ 为平均速度。无人驾驶机器人自动产生并存储制动踏板位移和相应制动力，并形成相关表格供调用。

现代车辆是一个复杂的、具有强大非线性特征的系统，故建立车辆控制数学模型的难度较大。利用自学习方法获得描述车辆控制特性的近似模型，可以避开复杂的车辆动力学建模过程，缩短无人驾驶机器人控制参数对不同车型的适应性调整时间。从无人驾驶机器人安装到试验车辆上，到能够跟踪循环行驶工况车速进行车辆的自动驾驶，需经过两个方面的自学习，即：①几何尺寸学习：主要包括能自动学习离合器踏板行程、油门踏板行程、制动踏板行程、变速器换挡位置、离合器接合区位置等；②性能参数学习：能自动确定油门踏板位移与发动机转速、加速度、不同挡位下车速之间的关系及制动踏板行程与减速度之间的关系。通过车辆自学习方法学习到的数据能够在相似的车型、相似的底盘测功机、相似的无人驾驶机器人之间相互转换。

5.1.2 车辆几何尺寸自学习

在进行车辆几何尺寸学习时，油门踏板和点火开关的移动是禁止的，在每次安装无人驾驶机器人准备做试验之前都需要学习车辆的几何尺寸。

无人驾驶机器人安装到试验车辆后，示教控制程序按照试验人员的指令自动控制油门、制动、离合机械腿下踩、回收，利用安装在各个机械腿上的传感器获得三条腿的起始位置、最终位置和行程，从而为无人驾驶机器人的运动控制提供基准。挡位位置的学习由试验人员使用示教盒示教完成，程序获得各个挡位对应的位置，并在再现环节中自动调整换挡机械手的位置定位控制参数。

在无人驾驶机器人的启动和换挡过程中，离合器控制中要求做到接合的平稳性，减少换挡冲击，又能延长离合器的使用寿命，要求在离合器的接合过程中快慢动作协调配合，这就使得离合器接合点位置的自学习十分重要。由于离合器开

始接合时，发动机转速会下降，因此，离合器接合区的位置自学习方法可以利用发动机转速下降时离合机械腿的位置作为开始接合的标志。采用缓慢接合离合器的方式，在某个挡位下接合完成后，发动机转速 n_e 和车速 v 满足以下关系：

$$v = 3.6 \frac{2\pi r \cdot n_e}{i_0 i_g \cdot 60} = 0.377 \frac{r n_e}{i_0 i_g} \tag{5.5}$$

式中，i_0 为主传动比；i_g 为变速器各个挡位下的速比；r 为轮胎半径。因此，通过捕捉接合过程中发动机转速和车速的对应关系便能够得到接合区的结束点，从而获得离合器接合区位置。

5.1.3　车辆性能参数自学习

通过性能参数学习，无人驾驶机器人能够在任何车辆上按照国家标准规定的要求进行车辆试验。同时，无人驾驶机器人在操纵相同类型的试验车辆时无需重新进行性能学习。

1. 发动机性能自学习

发动机的输出特性通过学习发动机转速和发动机扭矩，来完成油门执行器位移作为控制参数的学习过程。学习过程包括发动机工作所采用的试验循环行驶工况的全部情况。学习过程如图 5.2 所示。通过油门执行器位移 s_1 获取车辆速度 v_1。

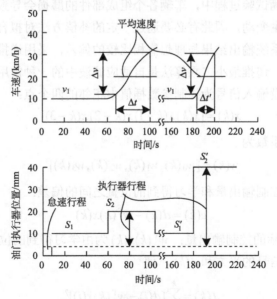

图 5.2　发动机性能自学习过程

把油门以阶跃方式从 S_1 释放到 S_2，同时测量车辆速度变化量 Δv 和产生这种变化所需的时间 Δt。在测量 v、Δv、Δt 的过程中，通过平均车速 $\bar{v}$ 计算发动机功率。然后，用式(5.3)计算同一时刻发动机功率和转速对应的发动机扭矩。

2. 制动性能自学习

车辆制动性能包括发动机制动性能和脚制动性能。学习发动机制动性能是为了判断车辆减速是由油门控制的结果，还是制动踏板控制的结果。学习过程采用梯度下降法。某时刻发动机的制动性能取决于该时刻车辆所需车辆驱动功率和底盘测功机吸收功率的差异。将差异结果转化成表格，以显示发动机转速和发动机制动性能之间的关系，并存入内存中。脚制动性能的学习过程与发动机性能的学习过程相似。制动踏板开度以阶跃方式变化，同时测量车速变化，确定减速性能。用式(5.4)计算通过脚制动产生的制动力。

通过制动性能自学习，无人驾驶机器人已经获得了各个挡位下制动力大小和制动减速度之间的关系。但是在实际的运行中会产生偏差，这就需要进行调整，具体方法为：无人驾驶机器人根据设定的减速曲线，得到所需的制动力大小，从而对电机的控制电压进行调整，以改变制动踏板的制动力。

3. 控制参数在线优化

在实际的车辆试验过程中，车辆各个组成部件的磨损会导致自学习得到的车辆特性拟合表发生变动，因此有必要通过一定的补偿方法对拟合表进行在线优化和补偿，通过对系统输出结果与理想值相比较的偏差，采用递推最小二乘算法对拟合表进行修正。递推最小二乘算法是自适应滤波中的一种常用算法，具有收敛时间短的优点。设输入信号为控制参数插值中相邻的四个点：

$$x(k) = [x(k)\,x(k-1)\,x(k-2)\,x(k-3)] \tag{5.6}$$

输入量的权系数为

$$w(k) = [w_0(k), w_1(k), w_2(k), w_3(k)]^{\mathrm{T}} \tag{5.7}$$

误差信号为控制输出量和学习得到的位置之间的偏差：

$$e(k) = d(k) - w^{\mathrm{T}}(k)x(k) \tag{5.8}$$

式中，$d(k)$ 为实际的控制输出量；$w^{\mathrm{T}}(k)x(k)$ 为由学习得到的位置信息。

最小化误差信号的平方和 $J(k)$，使

$$J(k) = \sum_{i=1}^{k} [d(i) - w^{\mathrm{T}}(k)x(i)]^2 \tag{5.9}$$

当 $w(k)$ 的导数为零，得到控制参数权系数的最优向量：

$$w^{\mathrm{T}}(k) = \frac{\sum_{i=1}^{k} x^{\mathrm{T}}(i)d(i)}{\sum_{i=1}^{k} x(i)x^{\mathrm{T}}(i)} = \frac{C_{xd}(k)}{C_{xx}(k)} \tag{5.10}$$

从而推出权系数的递推关系式：

$$w(k) = w(k-1) + C_{xx}^{-1}x(k)[d(k) - x^{\mathrm{T}}(k)w(k-1)] \tag{5.11}$$

$$e(k+1) = d(k+1) - w^{\mathrm{T}}(k)x(k+1) \tag{5.12}$$

5.1.4　试验结果与分析

为验证提出的无人驾驶机器人车辆性能自学习方法的有效性和可行性，在南京汽车集团有限公司技术中心 BOCO NJ 150/80 型水冷式电涡流底盘测功机上由无人驾驶机器人进行长时间的排放耐久性 V 型试验[79]，试验现场如图 5.3 所示。试验车为 FIAT Siena 1.5 L，五挡手动变速器，各挡速比为 3.5、1.952、1.322、0.972、0.769，主减速比为 4.294，具体的汽车尺寸及汽车性能参数如表 5.1 所示。

图 5.3　汽车排放耐久性试验现场

表 5.1　FIAT Siena 1.5 L 汽车参数表

长 × 宽 × 高 /mm	前轮距 /mm	最高车速 /(km/h)	发动机最大功率/kW (最大功率转速/(r/min))	发动机最大转矩/N·m (最大转矩转速/(r/min))	轮胎规格
4186 × 1703 × 1485	1417	168	62.5(5500)	122.5(4500)	175/70 R14

发动机最高转速/(r/min)	主减速器速比	整备质量/kg	手动变速器					风阻系数
			1 挡	2 挡	3 挡	4 挡	5 挡	
5500	4.294	1085	3.5	1.952	1.322	0.972	0.769	0.31

经自学习所得到的车辆尺寸和位置信息如表 5.2 所示。学习得到的离合器接合区起点位置为 172mm，离合器接合区终点位置为 175mm。自学习得到的车速与油门行程之间的关系如图 5.4 所示。无人驾驶机器人由单个技术人员安装到试验车辆的时间在 5min 内，车辆几何尺寸学习时间大约为 10min，车辆性能自学习时间大约为 20min，无人驾驶机器人从安装到试验车完成自学习过程的时间在 30min 以内。

表 5.2　车辆尺寸自学习位置参数（单位：mm）

参数	数值	参数	数值	参数	数值
油门初始位置	166	1 挡选挡位置	171	4 挡选挡位置	180
油门最终位置	183	1 挡挂挡位置	237	4 挡挂挡位置	167
制动器初始位置	157	2 挡选挡位置	169	5 挡选挡位置	193
制动器最终位置	165	2 挡挂挡位置	158	5 挡挂挡位置	235
离合器初始位置	165	3 挡选挡位置	180	空挡选挡位置	181
离合器最终位置	181	3 挡挂挡位置	237	空挡挂挡位置	199

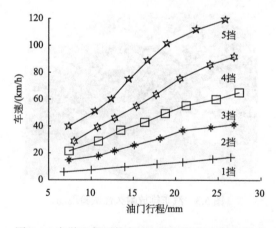

图 5.4　自学习得到的车速与油门行程之间的关系

车辆性能学习完成后，无人驾驶机器人无需重新学习即可驱动其他相同类型的车辆。另外，车辆性能学习产生的参数能够移植到其他同类型的无人驾驶机器人中，使其无需性能学习即可驱动试验车辆达到国家标准规定的技术要求。在以上过程中，几何尺寸的学习是允许的。无人驾驶机器人具有较强的鲁棒性，能够互相交换执行机构而不需要重新进行性能学习。

5.2　无人驾驶机器人智能换挡控制[80]

无人驾驶机器人自动操纵车辆的运动过程中，需要不断地进行换挡。为了使无人驾驶机器人达到熟练驾驶员的驾驶水平，应该使无人驾驶机器人具备良好的换挡品质，这就需要无人驾驶机器人在最佳换挡点进行换挡。

无人驾驶机器人的换挡操纵控制很大程度上取决于人类驾驶员的经验知识，这种经验性的操纵往往具有其他控制方法无法比拟的控制效果。传统的控制理论以被控对象的解析模型为基础对无人驾驶机器人实施自动控制，但由于模型的复杂性、结构的不确定性，控制效果不够理想。神经网络可以模拟人类对知识的处理和对经验的记忆机制，利用学习得到的知识进行联想分析；而模糊系统可以表达人类驾驶员操作的经验知识，并且容易实现。但是，单一使用模糊推理或神经网络进行挡位决策都存在各自的缺点。在模糊推理系统中，输入与输出变量可以用模糊变量来表达，但其隶属度函数是预先根据调查结果及专家意见确定的，一旦确定，各隶属度函数就固定下来而没有学习能力；神经网络具有学习功能，一旦获得新的知识，系统可以通过学习调整各神经元的权值与阈值从而更新系统，但是输入与输出变量不能用模糊语言来表达，并且神经网络在开始训练时各神经元的阈值与权值是随机选取的，不能利用已有的知识，而且网络在训练过程中容易陷入局部最小，难以收敛。模糊神经网络是一种两者有机结合的系统，既能充分发挥两者的优点，又可弥补各自的不足。

5.2.1　模糊神经网络结构及学习算法

1. 模糊神经网络结构

模糊神经网络是利用人工神经网络的学习训练机制，按照外部环境的变化实时修正模糊系统的隶属度函数形状及模糊规则，以达到对外部环境的自适应。模糊神经网络具有普通模糊系统所不具备的知识自动获取机制，同时也保留了模糊系统的模糊信息处理能力和人工神经网络的并行分布处理、高度鲁棒性和容错性、分布存储、非线性逼近等特性。模糊神经网络的结构如图 5.5 所示，其同一层的每个节点具有相似的功能。

第 1 层：负责输入信号的模糊化，这一层的每个节点 i 是一个有节点函数的自适应节点，即

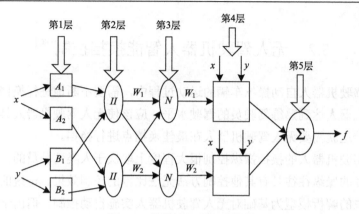

图 5.5　模糊神经网络结构图

$$O_i^1 = \begin{cases} \mu_{A_i}(x) & (i=1,2) \\ \mu_{B_{i-2}}(y) & (i=3,4) \end{cases} \tag{5.13}$$

式中，x、y 为节点 i 的输入；A_i、B_{i-2} 为与该节点函数值相关的语言变量；O_i^1 为模糊集 A_1、A_2、B_1、B_2 的隶属度函数；$\mu_{A_i}(x)$、$\mu_{B_{i-2}}(y)$ 为 x、y 属于 A_i、B_{i-2} 的程度。隶属度函数可以是任意合适的参数化隶属度函数，通常选用钟形函数：

$$\mu_{A_i}(x) = \frac{1}{1 + \left[\left(\dfrac{x - c_i}{a_i}\right)^2\right]^{b_i}} \tag{5.14}$$

式中，a_i、b_i、c_i 为前提参数，隶属度函数的形状随这些参数的改变而改变。

第 2 层：该层的节点在图 5.5 中用 II 表示，这一层的节点负责将所有输入信号相乘，其乘积输出为

$$O_i^2 = W_i = \mu_{A_i}(x) \times \mu_{B_i}(y) \quad (i=1,2) \tag{5.15}$$

式中，"×"表示任何满足 T 规范的 AND 算子，每个节点的输出代表一条规则的适应度。

第 3 层：该层的节点在图 5.5 中用 N 表示，第 i 个节点计算第 i 条规则的适应度 W_i 与所有规则的适应度 W 之和的比值，即

$$O_i^3 = \overline{W_i} = \frac{W_i}{W} = \frac{W_i}{W_1 + W_2} \quad (i=1,2) \tag{5.16}$$

第 4 层：第 i 个节点具有输出为

$$O_i^4 = \overline{W_i} f_i = \overline{W_i}(p_i x + q_i y + r_i) \quad (i=1,2) \tag{5.17}$$

式中，$f_i = \{p_i, q_i, r_i\}$ 为该节点的参数集，该层的参数称为结论参数。

第 5 层：该层计算所有传来信号之和作为总输出，即

$$O_i^5 = \sum_i \overline{W}_i f_i = \frac{\sum_i W_i f_i}{\sum_i W_i} \quad (i = 1, 2) \tag{5.18}$$

2. 混合学习算法

模糊神经网络使用一给定的输入输出数据集来构建模糊推理系统，其隶属度函数参数采用反向传播方法（back propagation，BP 算法）与最小二乘法相结合的混合学习算法进行调节，允许模糊系统用要建模的数据进行学习，使隶属度函数适应输入输出数据，因此与模糊推理系统和神经网络系统相比，ANFIS 既可以表达模糊语言变量，又具有学习功能。混合学习算法的步骤如下：

（1）确定前提参数的初始值，用最小二乘法计算结论参数。给定前提参数后，ANFIS 的输出可以表示成结论参数的线性组合。由式（5.18）得

$$\begin{aligned}
f &= \frac{W_1}{W_1 + W_2} f_1 + \frac{W_2}{W_1 + W_2} f_2 = \overline{W}_1 f_1 + \overline{W}_2 f_2 \\
&= (\overline{W}_1 x) p_1 + (\overline{W}_1 y) q_1 + (\overline{W}_1) r_1 \\
&\quad + (\overline{W}_2 x) p_2 + (\overline{W}_2 y) q_2 + (\overline{W}_2) r_2 = A \cdot X
\end{aligned} \tag{5.19}$$

式中，列向量 X 的元素构成结论参数集合 $\{p_1, q_1, r_1, p_2, q_2, r_2\}$，若已有 P 组输入输出数据对，且给定前提参数，则 A、X、f 分别为 $P \times 6$、6×1、$P \times 1$ 矩阵。一般，样本数据个数远大于未知参数的个数（$P \gg 6$），使用最小二乘法得到均方误差最小（$\min \|AX - f\|$）意义下的结论向量的最佳估计：

$$X^* = (A^T A)^{-1} A^T f \tag{5.20}$$

（2）根据步骤（1）得到的结论参数进行误差计算。采用前馈神经网络中的 BP 算法，将误差由输出端反向传到输入端，用梯度下降法更新前提参数，从而改变隶属度函数的形状。

5.2.2　驾驶机器人模糊神经网络换挡控制

利用模糊神经网络实现无人驾驶机器人换挡的自动控制，主要是利用驾驶员的经验及其他专家的知识，使无人驾驶机器人在换挡过程中能够考虑更多的因素和指标，力求使无人驾驶机器人的挡位选择与人的操纵过程相似。这种控制方法的优势在于控制器具有学习功能，从而可以对不明确的对象进行学习式控制。利用模糊神经网络建模，不必对过程或对象内部进行分析，只要用测得的过程输入

输出数据对模糊神经网络进行训练，就可获得其输入输出特性与实际过程等价的无人驾驶机器人模糊神经网络换挡控制模型。无人驾驶机器人换挡模糊神经网络模型如图 5.6 所示。

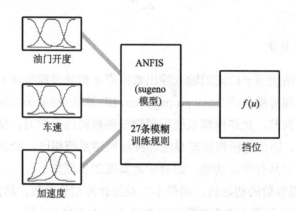

图 5.6　无人驾驶机器人换挡模糊神经网络模型

网络模型的输入为无人驾驶机器人油门机械腿的位移（即油门开度）、试验车辆的车速和加速度（即试验车辆车速的导数），网络模型的输出为挡位。在进行训练时，输入变量的隶属度函数类型都选用广义钟形函数 gbellmf，隶属函数都为 3 个，隶属度函数参数的调整采用混合学习算法，训练误差限设定为零，最大训练次数设定为 800。

无人驾驶机器人模糊神经网络换挡控制系统模型结构如图 5.7 所示。通过图 5.7 可以看出，由于该系统有三个输入变量，分别是油门开度、车速、加速度，每个变量都对应 3 个模糊集，所以第一层有 3×3＝9 个节点（图 5.7 中用 inputmf 表示的层）；通过输入变量模糊集的不同组合，共生成了 27 条模糊规则，所以第二、三层各有 27 个节点（图 5.7 中用 rule 表示的层）；每一条模糊规则的结论对应只有一个参数，所以第四层有 27 个节点（图 5.7 中用 outputmf 表示的层）；第五层是对第四层 27 个节点的融合结果，所以只有一个节点。这表明，模糊神经网络的各层已不再是一个黑箱，各节点都有了具体的意义，便于人们对知识的理解。

无人驾驶机器人换挡自动控制应在保证最佳动力性的同时，兼顾良好的燃油经济性。具体实现方法是无人驾驶机器人根据试验车辆运行状况，包括油门开度、车速、加速度、循环行驶工况以及换挡规律，选择合适的挡位，以实现整车最佳动力性及最佳燃油经济性换挡规律。无人驾驶机器人模糊神经网络换挡控制器结构如图 5.8 所示，其中，ANFIS 表示自适应神经模糊推理系统。

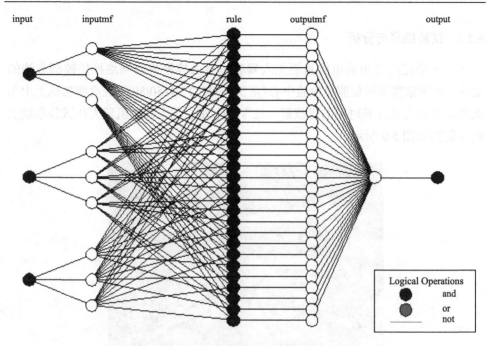

图 5.7　无人驾驶机器人模糊神经网络换挡控制系统模型结构

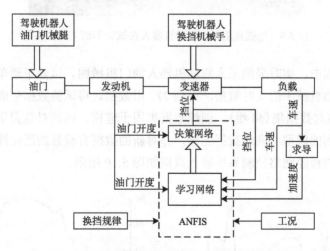

图 5.8　无人驾驶机器人模糊神经网络换挡控制框图

学习网络不断地采集系统运行状态，调整更新网络的权值。输入输出变量的隶属度函数形状将随着运行状态的不断改变而改变，适应外部工况的变化。调整成功后将各个权值送入决策网络，通过模糊运算得出挡位值，驱动无人驾驶机器人进行换挡。整个系统具有自学习功能，并且对外部工况具有适应性。

5.2.3　试验结果与分析

　　为了验证所提出的电磁直驱无人驾驶机器人模糊神经网络换挡控制方法的效果，在国家客车质量监督检验中心（重庆）BOCO NJ150/80 型底盘测功机上由无人驾驶机器人进行长时间的排放耐久性 V 型试验。无人驾驶机器人在试验车辆上的安装图如图 5.9 所示。

图 5.9　电磁直驱无人驾驶机器人在试验车辆上的安装图

　　试验过程中，实时采集无人驾驶机器人油门机械腿、试验车辆车速和无人驾驶机器人换挡机械手的实时数据，得到 277 组数据。将试验数据分成训练数据集（233 组）和核对数据集（44 组），训练数据集用于建模，而核对数据集用于模型验证，这样得到的模型对训练数据无偏，并对新的数据有较好的泛化性能。无人驾驶机器人模糊神经网络控制系统输入数据如图 5.10 所示。

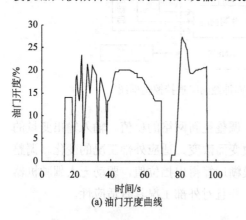

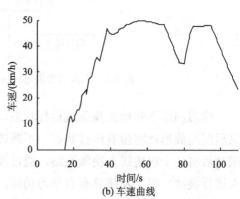

(a) 油门开度曲线　　　　　　　　　　　　　　(b) 车速曲线

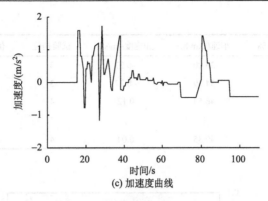

(c) 加速度曲线

图 5.10　无人驾驶机器人模糊神经网络换挡控制系统输入数据

经训练得到的 ANFIS 系统仿真输出挡位与试验数据输出挡位的比较结果如图 5.11 所示，训练过程中的误差变化曲线如图 5.12 所示。

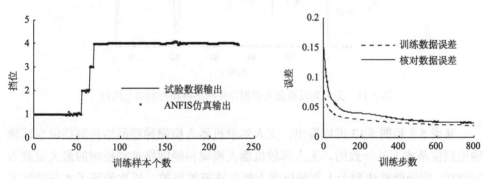

图 5.11　ANFIS 仿真输出挡位与试验数据输出挡位比较　　图 5.12　训练过程中的误差变化曲线

由图 5.11 可以看出，ANFIS 系统仿真输出挡位与试验数据输出挡位基本一致，从而证明了该 ANFIS 换挡控制系统的正确性和有效性。从图 5.12 可以看出，训练数据误差和核对数据误差随训练次数的增加同时减小，训练数据的最大均方根误差为 0.0918，核对数据的最大均方根误差为 0.1678，说明所建系统模型是有效的。无人驾驶机器人模糊神经网络换挡控制的部分试验结果如表 5.3 所示，换挡控制误差如图 5.13 所示。

表 5.3　无人驾驶机器人模糊神经网络换挡控制试验结果

样本号	油门开度/%	车速/(km/h)	加速度/(m/s²)	试验挡位	仿真挡位	误差
1	14.00	11.76	0.78	1	1.0153	0.0153
2	18.33	11.76	0.39	1	0.9912	−0.0088
3	21.33	22.94	1.17	2	2.0079	0.0079

续表

样本号	油门开度/%	车速/(km/h)	加速度/(m/s²)	试验挡位	仿真挡位	误差
4	13.33	35.00	−0.27	3	2.9970	−0.0030
5	16.67	34.59	−0.27	3	3.0285	0.0285
6	20.00	46.53	0.12	4	3.9993	−0.0007
⋮	⋮	⋮	⋮	⋮	⋮	⋮
277	19.75	49.35	0.04	4	4.0060	0.0060

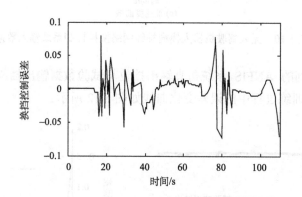

图 5.13　无人驾驶机器人模糊神经网络换挡控制误差曲线

从表 5.3 和图 5.13 可以看出，无人驾驶机器人模糊神经网络控制挡位与试验输出挡位基本上是一致的，无人驾驶机器人模糊神经网络换挡控制的最大误差为0.0797，完全能够达到无人驾驶机器人挡位决策的目的，再次验证了本书控制方法的有效性。

5.3　无人驾驶机器人多机械手协调控制[81, 82]

5.3.1　递阶控制模型

无人驾驶机器人多机械手协调控制各执行机构的力、速度、位移和时间，以使无人驾驶机器人控制系统完成机器人本体的运动控制和车速控制。各种各样的驾驶循环工况可被分解成驻车怠速工况、起步工况、换挡工况、连续工况和变工况等。换挡工况包括加速升挡和减速降挡等工况，连续工况包括加速、恒速、减速、连续变速等工况，变工况包括加速、减速、加速-恒速、恒速-加速、恒速-减速、减速-恒速、减速-加速等工况。协调控制模型应该像人类熟练驾驶员一样，具备一定的智能决策能力，能够针对各种驾驶工况协调控制车辆的油门、离合器、制动器、换挡机构的动作，从而实现车速的跟踪控制。在研究驾驶员驾驶行为的基础上，给出了如图 5.14 所示的基于 Saridis 三级控制架构的无人驾驶机器人递阶控制模型体系结构，主要由组织级、协调级、执行级和被控对象等组成。

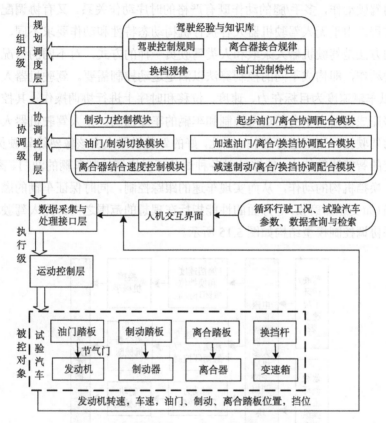

图 5.14　无人驾驶机器人递阶协调控制模型体系结构

　　组织级融合了驾驶员的经验、基本知识数据库以及已获得的试验车辆的性能特点，并根据循环行驶工况命令表和试验的当前状态，进行驾驶动作的决策，调度相应的低层模块。协调级用来协调执行级的动作，它不需要精确的模型，但需具备学习功能以便在再现的控制环境中改善性能。协调级包含了一些控制模块，如制动力控制模块、油门/制动切换模块、离合器结合速度控制模块、起步油门/离合协调配合模块、加速油门/离合/换挡协调配合模块、减速制动/离合/换挡协调配合模块等。执行级是各个子控制单元和用户、底盘测功机及执行器的接口，实现具有一定精度要求的控制任务。

5.3.2　协调控制方法

无人驾驶机器人控制系统属于多变量控制系统,各执行机构的运动必须模拟驾驶员的驾驶动作,多手/腿的动作既有严格的时序动作关系,又有协调配合并行执行的过程。由于无人驾驶机器人各执行机构动态特性和动作要求不同,所以最好的控制方法是驾驶机器人采取和人类驾驶员一样的方式,对不同的情况采取不同的驾驶动作,即构成不同的控制算法以满足运动控制需要。驾驶机器人各机械手/腿均以车辆速度为目标在力、速度、位移和时序上进行协调操作,其控制系统必须能够完成机器人本身的运动控制和车辆的车速控制。无人驾驶机器人必须按照给定的驾驶循环工况进行驾驶。因此,好的驾驶机器人应该像熟练驾驶员一样,具备一定的智能决策能力,能够针对各种试验工况协调控制车辆的油门、离合器、制动器、换挡机构的动作,从而实现车速的跟踪控制,同时保证车辆的燃油经济性、磨损(如变速器磨损)等方面的性能指标在理想的范围之内。无人驾驶机器人多机械手协调控制模型结构如图 5.15 所示。

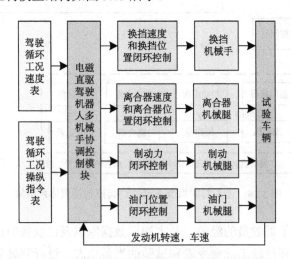

图 5.15　无人驾驶机器人多机械手协调控制模型结构

在驾驶机器人的车速和工况驾驶指令表中,存储着一系列车速 $v[i]$、时间 $t[i]$ 和挡位 $g[i]$ 信息,其中 $i=1,2,\cdots,n$。驾驶机器人根据 $v[i]$ 和 $g[i]$ 信息判断所处的工况 $\mathrm{Mode}[i]$,然后根据 $\mathrm{Mode}[i]$ 进行相应点火、起步、换挡、加速等一系列动作。根据汽车排放耐久性试验驾驶循环工况的特点,驾驶机器人根据设定的前一点目标车速 $v[i]$ 和当前点车速 $v[i+1]$ 的大小就能够判断试验的工况是加速($v[i]<v[i+1]$)、等速($v[i]=v[i+1]$)还是减速($v[i]>v[i+1]$),分别进入油门或者制动控制模块,换挡

工况从 $g[i]$ 命令表得到，加速度 $a = (v[i+1] - v[i]) / (t[i+1] - t[i])$。

　　按照驾驶循环工况操纵要求，每个机械手的运动控制由油门位置控制闭环、制动力控制闭环、离合器速度和离合器位置控制闭环、换挡速度和换挡位置控制闭环。多机械手运动闭环控制实现油门位置的精确控制，通过自调整油门位置和挡位、离合器位置和速度实现加速度的精确控制，并通过自调整挡位、制动力和离合器结合速度的调节实现制动减速度的精确控制。依据设定的驾驶循环工况车速表和操纵控制指令表，电磁驱动无人驾驶机器人实现多机械手的协调控制和车速精确跟踪。

5.3.3　协调控制器设计

1. 油门/离合机械腿协调控制器设计

　　根据驾驶作业的协调关系以及车辆本身的控制特性进行协调控制，建立协调控制算法，根据不同的驾驶工况运用不同的控制策略，协调控制油门、离合器、制动器和换挡机构的动作，使各执行机构的运动关系、时序关系符合驾驶动作的要求。起步和换挡过程的油门和离合器协调控制器框图见图 5.16。

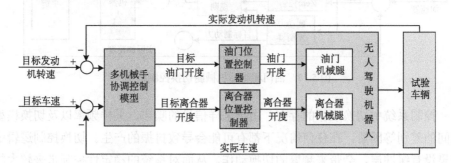

图 5.16　油门和离合器协调控制器框图

　　车辆起步控制是油门、离合器的多目标优化控制问题，无人驾驶机器人通过同时移动油门和离合器踏板来同时控制车速和发动机转速，因此选择多变量控制器来实现起步加速。这种控制策略在离合器处于部分结合时，把目标发动机转速和目标车速分开。在无人驾驶机器人的起步过程中，利用发动机转速下降时刻作为判断开始接合的标志，采用离合器慢收的方式，通过这一过程获得离合器接合区的位置。起步完成后，发动机转速 n_e 和车速 v 满足以下关系：

$$v = \frac{n_e}{i_0 i_g \cdot 60} 2\pi r \cdot 3.6 = 0.377 \frac{r n_e}{i_0 i_g} \tag{5.21}$$

式中，i_0 为主传动比；i_g 为变速器各个挡位下的速比；r 为轮胎半径。利用上述关系判断离合器是否接合完成。换挡过程中，需要进行油门、离合、换挡的协调控制，无人驾驶机器人首先快速分离离合器以完全切断动力传递，同时松开油门机械腿踏板；接着，挂到目标挡位；然后利用起步中获得的离合器接合区位置，快速接合离合器踏板到接合点；慢慢按下油门踏板使发动机达到某一转速，同时慢慢接合离合器踏板，使离合器平稳接合；经过接合区之后，快速完全地接合离合器踏板完成换挡过程。

2. 油门/制动机械腿切换控制器设计

在工况命令表中存储着每一秒的车速，无人驾驶机器人根据车速点计算出期望的加速度，并和存储的油门/制动查询表进行对比，协调控制油门和制动器，油门/制动切换控制框图如图 5.17 所示，其中，Zero 控制表明处于切换的缓冲层内，不对油门或者制动器施加控制。

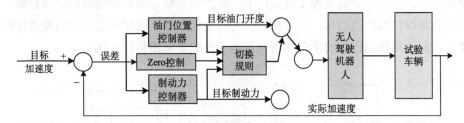

图 5.17　油门和制动机械腿切换控制框图

控制系统中切换规律的存在，由于采样信号的噪声、采样频率以及切换模型之间的差别等因素，在任何情况下都有可能会导致抖振的产生。切换控制逻辑中如果没有缓冲层，会带来频繁的切换动作，从而对系统的稳定性控制带来较大的扰动。因此，需要在切换面的附近引入一个薄的缓冲层（见图 5.18），以提高系统在实际应用中的控制效果。

车辆动力学方程为

$$F_t - F_f - F_w - F_i - F_b = \delta ma \tag{5.22}$$

对于室内车辆试验，只需要模拟平直道路上的驱动阻力，所以不需要模拟坡度阻力 F_i。无人驾驶机器人用车辆动力学方程为

$$F_t - F_f - F_w - F_b = \delta ma \tag{5.23}$$

即

$$\frac{T_e \cdot i_g \cdot i_0 \cdot \eta}{r} - (F_f + F_w) - F_b = \delta ma \tag{5.24}$$

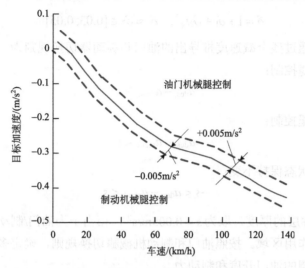

图 5.18　油门和制动机械腿切换规则

发动机力矩可分为两部分：一部分是节气门开度最小或全闭时的力矩；一部分是正常驱动力矩。当正常驱动力矩为零，即无控制输入时，节气门开度最小或全闭时的力矩作用下的车辆残余减速度为

$$a_{\text{resid}} = \frac{1}{\delta m}\left[T_e(\omega_e,0)\,i_g i_0\eta\,/\,r - (F_f + F_W) - F_b\right] \quad (5.25)$$

$$\delta = 1 + \frac{\sum I_w}{mr^2} + \frac{I_f i_g^2 i_0^2 \eta}{mr^2} \quad (5.26)$$

$$F_f = mgf \quad (5.27)$$

$$F_w = \frac{C_D A v^2}{21.15} \quad (5.28)$$

$$A = l_{\text{front}} \cdot l_{\text{height}} \quad (5.29)$$

$$f = \begin{cases} 0.0165[1 + 0.01(v-50)] & \text{轿车} \\ 0.0076 + 0.000056v & \text{卡车} \end{cases} \quad (5.30)$$

式中，δ 为车辆总惯量；m 为车辆质量；$T_e(\omega_e,0)$ 为节气门开度最小或全闭时的发动机扭矩；r 为轮胎半径；i_g 为变速器传动比；i_0 为主传动比；F_w 为空气阻力；F_f 为滚动阻力。也就是说，$a_{\text{resid}}(u)$ 为节气门全闭，考虑发动机反拖力矩、空气阻力、滚动阻力时，车辆在平直路面上的减速度。因此，如果期望的加/减速度 a_{des} 大于 $a_{\text{resid}}(u)$，则应使发动机输出更大的转矩，否则应使制动系统输出更大的制动力矩。考虑到精确测量 I_w 和 I_f 的困难，δ 被估计为

$$\delta = 1 + \delta_1 + \delta_2 i_g{}^2, \quad \delta_1 \approx \delta_2 \in [0.03, 0.05] \tag{5.31}$$

优化后的通过残余减速度推导出的油门和制动器切换规则为

油门机械腿控制:

$$a_{\text{des}} - a_{\text{resid}} \geqslant s \tag{5.32}$$

制动机械腿控制:

$$a_{\text{des}} - a_{\text{resid}} < s \tag{5.33}$$

中间控制状态保持不变:

$$-s < a_{\text{des}} - a_{\text{resid}} < s \tag{5.34}$$

式中,s 为缓冲层的厚度,取为 $s = 0.005\text{m/s}^2$,相当于为油门/制动切换控制逻辑引入一定的不作用区域。按照油门和制动机械腿切换规则,确定多机械手的运动规律,获得期望的油门开度和制动力。

根据油门/制动器切换规则,可确定相应的控制动作,并能得到试验车辆的期望油门开度和制动力的大小。若是发动机控制,则期望的驱动扭矩为

$$T_d = (F_f + F_w + \delta m a_{\text{des}}) \cdot r / i_g i_0 \eta \tag{5.35}$$

若是制动器控制,则期望的制动扭矩为

$$T_b = T_e(\omega_e, 0) \, i_g i_0 \eta - (F_f + F_w + \delta m a_{\text{des}}) \cdot r \tag{5.36}$$

5.3.4 试验结果与分析

为验证本书提出的无人驾驶机器人多机械手/腿协调控制的效果,在国家客车质量监督检验中心 BOCO NJ 150/80 型底盘测功机上由驾驶机器人对 Ford FOCUS 2.0 L 汽车进行 80000km 排放耐久性 V 型试验。无人驾驶机器人多机械手/腿协调控制试验曲线见图 5.19,测得的试验曲线包括由驾驶机器人操纵的试验车辆车速跟踪曲线及发动机转速曲线、驾驶机器人换挡机械手和油门、制动、离合机械腿控制曲线。这里油门开度、制动器及离合器行程百分比由安装在油门、制动、离合机械腿上的电位计式位移传感器测得,传感器输出电压经标定后,得到油门开度、制动器及离合器行程百分比,其中油门、制动、离合机械腿未踩下时行程为0,踩到底时行程为100%。

由图 5.19 可以看出,测得的实际车速能准确跟踪试验循环工况要求的目标车速(48km/h),车速跟踪精度满足国家车辆试验标准的要求,驾驶机器人具有良好的车速跟踪性能。试验车辆发动机转速在 0~15s 处于怠速阶段(800r/min),满足国家车辆试验标准每一次循环发动机怠速 15s 的要求。驾驶机器人能合理协调控

制换挡机械手和油门、制动、离合机械腿，驾驶机器人各机械手/腿的协调配合动作流畅，能平顺地实现车辆的起步、加速、换挡、等速、减速等工况，试验车辆各工况之间过渡顺利，起步平稳，换挡平顺，并且等速阶段油门机械腿位置基本保持不变，加速-等速以及减速-等速工况变化阶段车速油门虽然有一定的"过冲"和下降，但都得到了及时的控制，避免了油门踏板频繁抖动与切换对车辆燃油经济性及车辆排放结果的影响，保证了车辆试验数据的准确度和有效性。驾驶机器人油门、制动、离合机械腿和换挡机械手的协调配合动作流畅，与人类驾驶员的驾驶工作一致，实现了高重复性的拟人化驾驶。

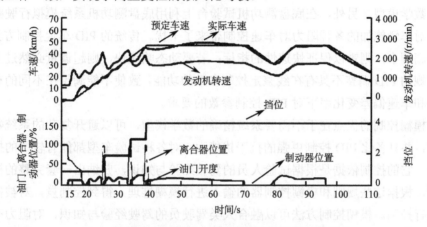

图 5.19　无人驾驶机器人多机械手协调控制试验曲线

5.4　本章小结

本章首先提出了一种用于无人驾驶机器人的车辆性能自学习方法，对影响无人驾驶机器人驾驶行为的车辆几何尺寸和车辆性能参数进行了自学习，对因长时间驾驶引起的控制参数变化进行在线优化，实现了无人驾驶机器人的自学习、自适应、自补偿，无人驾驶机器人具有良好的车型适应能力，能够对所驾驶的车辆进行性能辨识；然后提出了一种无人驾驶机器人模糊神经网络换挡控制方法，实现了无人驾驶机器人挡位决策的智能化，并且依据操作工况环境的变化调整换挡策略，实现正确的无人驾驶机器人挡位控制；最后对无人驾驶机器人多机械手协调控制进行了研究，建立了驾驶机器人递阶控制模型，提出了驾驶机器人多机械手协调控制方法，并设计了油门/离合器协调控制器和油门/制动器切换控制器，实现了无人驾驶机器人换挡机械手和油门机械腿、离合机械腿、制动机械腿的综合协调配合，使驾驶机器人可以模拟一个熟练驾驶员的手脚协调操作能力。

第6章　无人驾驶机器人车速跟踪智能控制策略研究

车辆是一个强非线性的系统，发动机等部件都具有明显的非线性特性，这增加了车速跟踪控制的难度。由于车辆车速控制的模型难以建立，驾驶机器人的车速跟踪控制又具有非线性、时变、时滞的特点，且影响因素较多，难以建立其精确的数学模型。另外，在底盘测功机试验台上利用底盘测功机系统模拟行驶路面载荷对车辆施加的各种阻力对车速控制带来了干扰。传统的 PID 车速控制方法，若要超调小，则难以保证快速性的指标；若要动态响应快，则超调量必然过大，且常规的 PID 调整不具有在线整定控制参数的功能，致使不能满足在不同的车速偏差和车速偏差变化率下对 PID 控制参数的要求。

模糊控制的优点在于不需要系统精确的数学模型，可以避开复杂的系统数学建模，并具备比 PID 控制更强的抗干扰能力，对各种试验车型都能有较好的控制性能。它的控制依据是根据试验人员的驾驶经验与知识，归纳出一套完整的控制规则，根据这些规则和模糊控制器的输入进行模糊推理，得到控制量，对被控对象进行控制。模糊控制方法可以融合人类驾驶员的驾驶经验与知识，对阻力干扰具有强抑制效果，保证了对给定车速的跟踪控制精度，但模糊规则及隶属度函数比较难获得。

神经网络控制不需要系统精确的数学模型，可以利用试验数据进行建模，并且具有强大的自学习功能，一旦获得新的知识，系统可以通过学习调整各神经元的权值与阈值从而更新系统。采用 Levenberg-Marquandt 算法改进的 BP 网络收敛速度快，且具有较强的泛化能力，但知识表达困难，不能利用已有的驾驶员的经验知识。

模糊神经网络控制方法既具有模糊控制善于利用专家语言信息的优点，又具备神经网络控制强大的自学习能力的优点，通过自适应神经网络学习提炼出模糊规则，能够有效地计算出隶属度函数的最佳参数，然后通过模糊推理建立输入变量和输出变量之间的联系。模糊神经网络控制具有普通模糊系统所不具备的知识自动获取的机制，同时也保留了模糊系统的模糊信息处理能力和神经网络的并行分布处理、高度鲁棒性和容错性、分布存储、非线性逼近等特性。

本章深入研究了无人驾驶机器人车速跟踪控制策略问题。在对驾驶循环行驶工况进行分析的基础上，首先提出了无人驾驶机器人车速跟踪模糊控制方法，并对模糊车速跟踪控制结果进行了试验验证；接着提出了无人驾驶机器人车速跟踪神经网络控制方法，设计了用于无人驾驶机器人的车速控制神经网络模型，并对结果进行了误差分析；最后提出了一种基于模糊神经网络的无人驾驶机器人车速控制方法，并与传统 PID 控制进行了对比分析研究。

6.1　驾驶循环行驶工况分析[13]

驾驶循环行驶工况被广泛用于评估车辆污染物排放量和燃油消耗量、新车型技术开发和评估、交通控制风险测定等，是汽车工业一项共性核心技术。为确定一个国家或地区某种车型的排放水平，所用的驾驶循环应反映所在国或地区的车辆典型行驶工况。

驾驶循环行驶工况都表达为速度-时间的曲线，它是在采集道路工况的基础上提炼出的。车辆在道路上的行驶情况可用一些参数，如加速、减速、匀速和怠速等来反映其运动特征，行驶时间等应与所在地区的实际交通状况一致或尽量接近。要获得运转循环，首先必须有大量实测的车速变化数据，然后按一定的标准，用数学方法从这些原始数据中提炼出有代表性的驾驶循环。

驾驶循环行驶工况主要有两种形态，即模态工况和瞬态工况。模态工况有：ECE 驾驶循环、美国行驶工况(USDC)、欧洲行驶工况(EDC)和日本行驶工况(JDC)；瞬态工况有：美国 FTP(联邦认证程序)。常见的工况除了图 1.2 给出的排放耐久性试验工况外，还有图 6.1~图 6.3 所示的多种驾驶循环行驶工况。

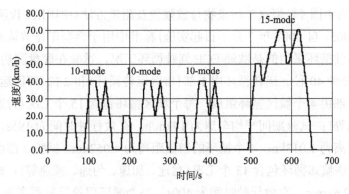

图 6.1　日本 10-15 工况

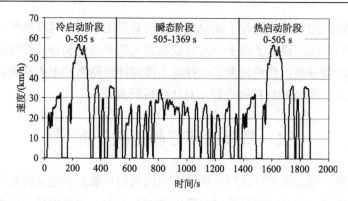

图 6.2　美国联邦 FTP-75 工况

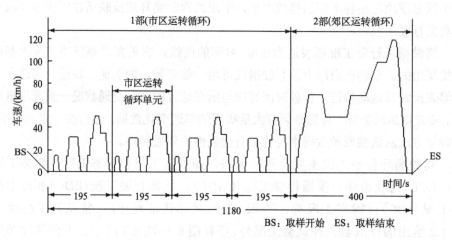

图 6.3　中国 I 型试验市区和市郊运转工况

　　图 6.3 为中国《轻型汽车污染物排放限值及测量方法(中国Ⅲ、Ⅳ阶段)》(GB 18352.3—2005,自 2007 年 7 月 1 日起实施)标准中用于轻型车排放认证用的驾驶循环。该驾驶循环采用的是欧洲 ECE 驾驶循环工况,试验在底盘测功机上实现,共持续 19 分钟 40 秒。运转循环由 1 部(市区运转循环)和 2 部(郊区运转循环)组成。试验 1 部由 4 个城区循环组成,每个城区循环包含 15 个工况(怠速、加速、匀速、减速等);试验期间平均车速为 19km/h,有效行驶时间为 195s,每个循环理论行驶距离为 1.013km,4 个循环的当量距离为 4.052km。试验 2 部由 1 个城郊循环组成,该城郊循环包含 13 个工况(怠速、加速、匀速、减速等);试验期间平均车速为 62.6km/h,有效行驶时间为 400s,每个循环理论行驶距离为 6.955km,最大车速为 120km/h,最大加速度为 0.833m/s^2,最大减速度为–1.389m/s^2。

　　驾驶循环行驶工况可以分解为停车怠速工况、静止起动工况、换挡工况、连续工况和变工况。其中换挡工况包括加速换挡和减速换挡工况；连续工况包括加速、等速、减速、连续变速工况；变工况包括：加速-减速、加速-等速、等速-加速、等速-减速、减速-等速和减速-加速工况，如图 6.4 所示。

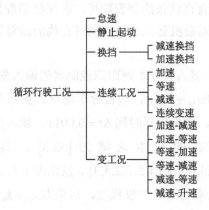

图 6.4　驾驶循环行驶工况分解

6.2　无人驾驶机器人车速跟踪模糊控制研究[83, 84]

6.2.1　车速跟踪模糊控制方法

无人驾驶机器人根据试验循环工况规定的目标车速和实时采集到的车速解算出车速误差和车速误差变化率，经过模糊推理得到无人驾驶机器人各机械手/腿下压或者回收运动差值，最终实现无人驾驶机器人对给定车速的准确跟踪。无人驾驶机器人模糊车速跟踪控制方法框图见图 6.5。

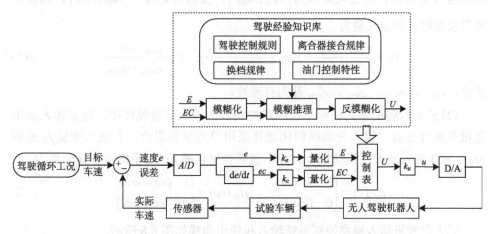

图 6.5　无人驾驶机器人模糊车速跟踪控制方法框图

无人驾驶机器人模糊车速跟踪控制方法由离线模糊计算和在线实时控制两部分组成，离线模糊计算部分由输入变量模糊化、模糊推理及反模糊化构成，由车速误差 E、车速误差变化率 EC 求得控制量 U，将计算结果组成一张控制表；在线实时控制部分只需查询这张控制表即可，求得 U 后经比例变换，变成实际控制量 u。此方法对无人驾驶机器人进行控制时在线的运算量很少，具有良好的实时性，其设计步骤如下：

(1)确定无人驾驶机器人模糊车速跟踪控制器的输入变量和输出变量。

定义车速误差 $E = V_{目标} - V_{实际}$，即目标车速减去实际车速，车速的误差变化率 $EC = (E_k - E_{k-1})/\Delta t$，这里采样时间 $\Delta t = 0.001\mathrm{s}$。输入变量车速误差信号 E、车速误差变化率 EC 的基本论域为 $[-3,3]$，其模糊集合论域为 $\{-3,-2.5,-2,-1.5,-1,-0.5,0,0.5,1,1.5,2,2.5,3\}$，量化因子 k_e、k_c 的大小意味着对车速误差和车速误差变化率的不同加权程度，这里取 $k_e = k_c = 1$。车速误差和误差变化率分为 7 个等级，模糊子集分别为 $\{\mathrm{NB,NM,NS,ZE,PS,PM,PB}\}$，子集中元素分别依次代表负大，负中，负小，零，正小，正中，正大。输出控制量 U 的基本论域为 $[-6,6]$，其模糊集合论域为 $\{-6,-5,-4,-3,-2,-1,0,1,2,3,4,5,6\}$。输出比例因子 k_u 的大小影响着模糊车速跟踪控制器的输出，这里取比例因子 $k_u = 1$。控制量分为 7 个等级，模糊子集分别为 $\{\mathrm{NB,NM,NS,ZE,PS,PM,PB}\}$。由于无人驾驶机器人机械手/腿的动作有下压和回收之分，分别用正负号表示，论域中负数表示机械手/腿下压，正数表示机械手/腿回收。

对于实际的输入量，首先进行尺度变换，将其变换到要求的论域范围，若实际的输入量为 e_0^*，其变化范围为 $\left[e_{\min}^*, e_{\max}^*\right]$，要求的论域为 $\left[e_{\min}, e_{\max}\right]$，则在论域要求范围内的输入量为

$$e_0 = \frac{e_{\min} + e_{\max}}{2} + k\left(e_0^* - \frac{e_{\max}^* - e_{\min}^*}{2}\right), \quad k = \frac{e_{\max} - e_{\min}}{e_{\max}^* - e_{\min}^*} \tag{6.1}$$

式中，$e_{\min}$、$e_{\max}$、$e_{\min}^*$、$e_{\max}^*$ 都为有理数。

(2)无人驾驶机器人模糊车速跟踪控制器的输入变量模糊化，建立输入输出变量隶属度函数。输入变量模糊化运算采用单点模糊集合，若输入变量为 e_0 和 ec_0，则车速误差 E 的模糊集合 A' 和车速误差变化率 EC 的模糊集合 B' 分别为

$$\mu_{A'}(e) = \begin{cases} 1 & (e = e_0) \\ 0 & (e \neq e_0) \end{cases} \qquad \mu_{B'}(ec) = \begin{cases} 1 & (ec = ec_0) \\ 0 & (ec \neq ec_0) \end{cases} \tag{6.2}$$

无人驾驶机器人模糊控制系统输入和输出曲线如图 6.6 所示。

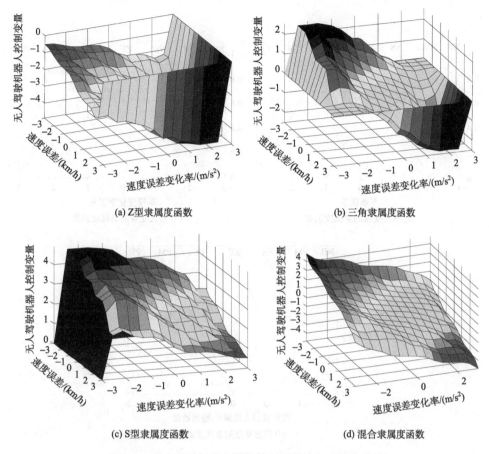

(a) Z 型隶属度函数　　　　　　　　　(b) 三角隶属度函数

(c) S 型隶属函数　　　　　　　　　(d) 混合隶属度函数

图 6.6　无人驾驶机器人模糊控制系统输入和输出曲线

　　单独采用 Z 型隶属度函数、三角隶属度函数与 Sigmoid 隶属度函数的无人驾驶机器人模糊控制系统输入输出曲线，具有很强的非线性，这将导致控制灵敏度较差。而采用 Z 型隶属度函数、三角隶属度函数和 Sigmoid 隶属度函数混合的无人驾驶机器人模糊控制系统输入输出曲线是非常平顺的，能提高控制灵敏度。因此，本书采用 Z 型函数、三角函数与 Sigmoid 函数相结合的形式。模糊车速跟踪控制器输入输出变量的隶属度函数如图 6.7 所示。

　　为了满足无人驾驶机器人实时控制的要求，当进行计算机控制程序设计时，输入输出隶属度函数需具有数值形式，论域离散化后的无人驾驶机器人模糊车速跟踪控制器输入输出变量的隶属度函数见表 6.1 和表 6.2。

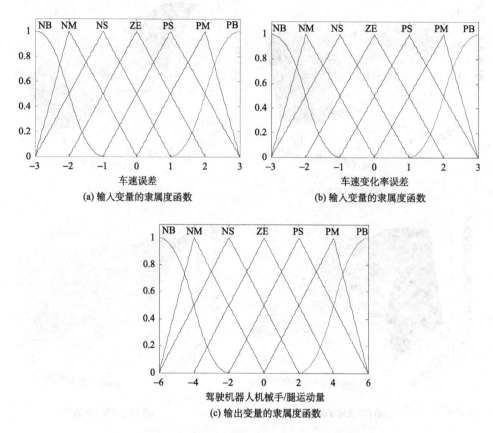

(a) 输入变量的隶属度函数　　　　　　　　　(b) 输入变量的隶属度函数

(c) 输出变量的隶属度函数

图 6.7　模糊车速跟踪控制器输入和输出变量隶属度函数

表 6.1　控制器输入离散模糊隶属度函数

模糊集合	输入变量 E、EC												
	−3	−2.5	−2	−1.5	−1	−0.5	0	0.5	1	1.5	2	2.5	3
NB	1	0.875	0.5	0.125	0	0	0	0	0	0	0	0	0
NM	0	0.5	1	0.75	0.5	0.25	0	0	0	0	0	0	0
NS	0	0.25	0.5	0.75	1	0.75	0.5	0.25	0	0	0	0	0
ZE	0	0	0	0.25	0.5	0.75	1	0.75	0.5	0.25	0	0	0
PS	0	0	0	0	0	0.25	0.5	0.75	1	0.75	0.5	0.25	0
PM	0	0	0	0	0	0	0	0.25	0.5	0.75	1	0.5	0
PB	0	0	0	0	0	0	0	0	0	0.125	0.5	0.875	1

表 6.2　控制器输出离散模糊隶属度函数

模糊集合	输出变量 U												
	−6	−5	−4	−3	−2	−1	0	1	2	3	4	5	6
NB	1	0.875	0.5	0.125	0	0	0	0	0	0	0	0	0
NM	0	0.5	1	0.75	0.5	0.25	0	0	0	0	0	0	0
NS	0	0.25	0.5	0.75	1	0.75	0.5	0	0	0	0	0	0
ZE	0	0	0	0.25	0.5	0.75	1	0.75	0.5	0.25	0	0	0
PS	0	0	0	0	0	0.25	0.5	0.75	1	0.75	0.5	0.25	0
PM	0	0	0	0	0	0	0	0.25	0.5	0.75	1	0.5	0
PB	0	0	0	0	0	0	0	0	0	0.125	0.5	0.875	1

(3) 建立无人驾驶机器人模糊车速跟踪控制器控制规则。

无人驾驶机器人系统模糊控制规则的建立采用以下两种方法相结合的方法：

① 基于驾驶经验知识库。车辆试验过程中，熟练的人类驾驶员能够避免油门与制动踏板的大幅度波动与频繁切换，以免损伤发动机。这些驾驶经验与知识包括离合器接合规律、换挡规律、油门控制特性和驾驶控制规则等。这些信息往往具有模糊性的特点，通过总结熟练驾驶员的驾驶经验与知识，用模糊语言加以描述后，最终表示成模糊控制规则的形式。

② 基于测量数据的学习方法。驾驶机器人在控制试验车辆进行驾驶操作的过程中存在时变的特性，通过设计具有自学习能力的模糊控制器来调整获得的模糊规则。

通过①建立初步的模糊规则，然后通过②不断加以修正和试凑，记录下控制误差，反馈到下一次控制中，对控制量进行修改，这样就构成了模糊控制量的自调整。根据试验人员的驾驶经验与知识，得到的无人驾驶机器人模糊车速跟踪控制规则见表 6.3。

表 6.3　模糊车速跟踪控制器控制规则

U		EC						
		NB	NM	NS	ZE	PS	PM	PB
	NB	PB	PB	PM	PM	PS	PS	ZE
	NM	PB	PM	PM	PS	PS	ZE	NS
	NS	PM	PM	PS	PS	ZE	NS	NS
E	ZE	PM	PS	PS	ZE	NS	NS	NM
	PS	PS	PS	ZE	NS	NS	NM	NM
	PM	PS	PS	ZE	NS	NM	NM	NB
	PB	ZE	NS	NS	NM	NM	NB	NB

(4)确定无人驾驶机器人模糊车速跟踪控制器控制表。

为了保证控制的实时性，控制表的获得采用离线计算的方式。在进行离线模糊计算的过程中，根据步骤(3)建立的模糊控制规则，输入模糊集合合成运算的 AND 操作采用求交法，输入模糊集合合成运算的 also 操作采用求并法，模糊蕴涵采用求交法，输出模糊合成采用最大-最小法，反模糊化采用加权平均法，加权平均法取 $\mu_{C'}(z)$ 的加权平均值为 z 的清晰值，即

$$z_0 = \mathrm{d}f(z) = \frac{\displaystyle\int_a^b z\mu_{C'}(z)\,\mathrm{d}z}{\displaystyle\int_a^b \mu_{C'}(z)\,\mathrm{d}z} \tag{6.3}$$

它类似于重心的计算，所以也称为重心法。对于论域为离散的情况，则有

$$z_0 = \frac{\displaystyle\sum_{i=1}^n z_i\mu_{C'}(z_i)}{\displaystyle\sum_{i=1}^n \mu_{C'}(z_i)} \tag{6.4}$$

最终求得输出量的模糊集合 C' 为

$$
\begin{aligned}
C' &= (A'\times B')\circ R = (A'\times B')\circ \bigcup_{i=1}^{56} R_i = \bigcup_{i=1}^{56}(A'\times B')\circ[(A_i\times B_i)\to C_i]\\
&= \bigcup_{i=1}^{56}[A'\circ(A_i\to C_i)]\bigcap[B'\circ(B_i\to C_i)] = \bigcup_{i=1}^{56} C'_{iA}\bigcap C'_{iB} = \bigcup_{i=1}^{56} C'_i
\end{aligned}
\tag{6.5}
$$

式中，×表示模糊直积运算；。表示模糊合成运算。无人驾驶机器人模糊车速跟踪控制表参见表 6.4。

控制程序根据当前车速误差 E 和车速误差变化率 EC 通过查询表的方式取得 U。另外，可以采用与模糊规则一样的方法对控制表进行修正。通过改变 u 的比例因子 k_u 的值实现同一模糊控制表的驾驶机器人各机械手/腿不同运动量控制输出。

(5)进行无人驾驶机器人在线实时控制。

进行无人驾驶机器人系统的在线实时控制时，这时论域为离散值，经过量化后的输入量 E、EC 的个数是有限的，因此针对输入情况的不同，采用离线计算、在线查表的方式，将它们所有可能的组合情况先计算出来，离线计算出相应的控制量，将计算的结果组成一张无人驾驶机器人控制表，实际控制时只需查询这张控制表即可。

表 6.4　模糊车速跟踪控制器控制表

U	EC												
E	−6	−5	−4	−3	−2	−1	0	1	2	3	4	5	6
−3	5.10	4.38	4.17	3.93	3.71	2.93	2.50	2.29	2.18	1.72	1.20	0.82	0
−2.5	4.38	3.53	3.53	3.41	2.86	2.06	1.89	1.19	0.84	0.62	0.30	0	−0.82
−2	4.17	3.53	2.89	2.82	2.89	2.00	1.38	0.82	0.52	0.20	0	−0.30	−1.20
−1.5	3.93	3.41	2.82	1.90	1.90	1.30	0.82	0.20		0	−0.20	−0.62	−1.72
−1	3.71	2.86	2.89	1.90	1.38	0.82	0.52	0.20	0	−0.20	−0.52	−0.84	−2.18
−0.5	2.93	2.06	2.00	1.30	0.82	0.52	0.20	0	−0.20	−0.52	−0.82	−1.19	−2.29
0	2.50	1.89	1.38	0.82	0.52	0.20	0	−0.20	−0.52	−0.82	−1.38	−1.89	−2.50
0.5	2.29	1.79	1.35	0.52	0.20	0	−0.20	−0.52	−0.82	−1.30	−2.00	−2.06	−2.93
1	2.18	1.68	1.38	0.52	0	−0.20	−0.52	−0.82	−1.38	−1.90	−2.89	−2.86	−3.71
1.5	1.72	1.14	0.88	0.52		−0.52	−0.82	−1.30	−1.90	−1.90	−2.82	−3.41	−3.93
2	1.20	0.30	0.33	0	−0.20	−0.71	−1.38	−2.00	−2.89	−2.82	−2.89	−3.53	−4.17
2.5	0.82	0	−0.30	−0.26	−0.49	−0.96	−1.54	−2.06	−2.86	−3.41	−3.53	−3.53	−4.38
3	0	−0.82	−1.20	−1.72	−2.18	−2.29	−2.50	−2.93	−3.71	−3.93	−4.17	−4.38	−5.10

注：U 为0、正数、负数时分别表示无人驾驶机器人油门机械腿锁住、回收、下压。

6.2.2　试验结果与分析

为了进一步验证本书提出的无人驾驶机器人模糊车速跟踪控制方法的有效性，根据 GB 18352.3—2005《轻型汽车污染物排放限值及测量方法(中国Ⅲ、Ⅳ阶段)》中针对污染控制装置的耐久性试验(Ⅴ型试验)的规定，在南京汽车集团有限公司技术中心 BOCO NJ 150/80 型水冷式电涡流底盘测功机上由无人驾驶机器人对 Unique 五挡手动变速器汽车进行排放耐久性 Ⅴ 型试验。无人驾驶机器人在试验车辆上的安装图及排放耐久性试验现场图如图 6.8 所示。在各种工况下的无人驾驶机器人模糊车速跟踪控制试验曲线如图 6.9 所示。汽车排放耐久性 Ⅴ 型试验(56km/h 循环行驶工况)结果见图 6.10。试验车辆车速通过安装在底盘测功机前转鼓上的光电传感器测得，油门开度、制动开度和离合器开度分别由安装在油门机械腿、制动机械腿和离合机械腿上的电位计式位移传感器测得，挡位由安装在换挡机械手上的电位计式角度传感器测得。

在底盘测功机试验台上利用转鼓控制系统模拟行驶路面载荷对车辆施加的各种阻力(包括路面载荷、风阻力等)对车速控制带来了干扰，从图 6.9 可以看出，本书提出的方法对外部干扰具有较强的鲁棒性，能够及时抑制干扰引起的车速变化，试验条件的变化(增加路面载荷、卸除路面载荷、中途去掉风阻力等)对模糊

(a) 驾驶机器人在试验车辆上的安装图　　　　　　(b) 排放耐久性试验现场

图 6.8　驾驶机器人在试验车辆上的安装图及试验现场图

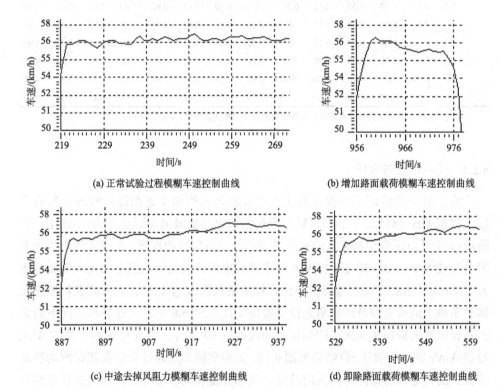

(a) 正常试验过程模糊车速控制曲线　　　　　　(b) 增加路面载荷模糊车速控制曲线

(c) 中途去掉风阻力模糊车速控制曲线　　　　　　(d) 卸除路面载荷模糊车速控制曲线

图 6.9　无人驾驶机器人模糊车速跟踪控制试验曲线

控制的影响不大,在各种工况下都能够精确跟踪试验循环工况要求的目标车速
(56km/h),车速跟踪误差在±2km/h 范围内,保证了无人驾驶机器人系统的车速跟
踪控制精度满足国家车辆试验标准的要求。从图 6.10 可以看出,采用提出方法的
汽车排放耐久性车速控制试验结果能够准确跟踪循环行驶工况要求的车速,采用
本书方法的驾驶机器人平顺地实现了起步、加速、换挡、等速、减速等操作,车

速波动较小，各工况之间过渡平稳，并且同一个循环行驶工况中的四个小循环车速跟踪控制动作一致，重复性好。

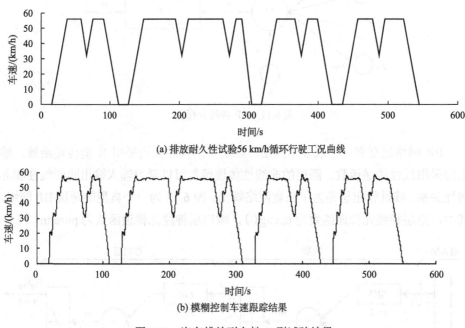

(a) 排放耐久性试验56 km/h循环行驶工况曲线

(b) 模糊控制车速跟踪结果

图 6.10　汽车排放耐久性 V 型试验结果

6.3　无人驾驶机器人车速跟踪神经网络控制研究[85]

6.3.1　车速跟踪神经网络控制方法

1. BP 神经网络模型结构

BP 网络是一种多层前馈型神经网络，其神经元的传递函数是 S 型函数，输出量为 0 到 1 之间的连续量，它可以实现从输入到输出的任意非线性映射。目前，在神经网络的实际应用中，绝大部分的神经网络模型都采用 BP 网络及其变化形式。同时，它也是前向网络的核心部分，体现了神经网络的精华。

人工神经元是神经网络的基本处理单元，复杂的神经网络都是由人工神经元相互连接而组成的，图 6.11 为一个基本的 BP 神经元模型，它具有 R 个输入，每个输入都通过一个适当的权值 w 和下一层相连，网络输出可表示为 $a = f(wp + b)$，其中 f 为表示输入/输出关系的传递函数。

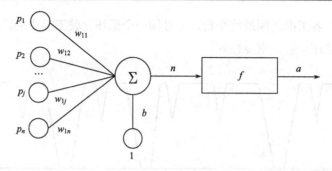

图 6.11 BP 神经元模型

BP 网络通常有一个或多个隐层,隐层中的神经元均采用 S 型传递函数,输出层采用线性传递函数。隐层的非线性传递函数可以学习输入输出间的线性和非线性关系,线性输出层是为了拓宽网络输出。图 6.12 为一个典型的两层 BP 网络,其中,隐层神经元传递函数为 tansig( ),输出层神经元传递函数为 purelin( )。

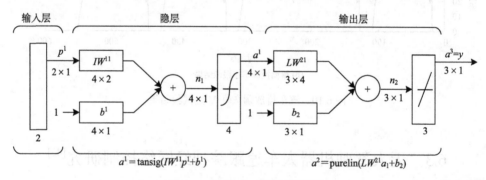

图 6.12 两层 BP 神经网络结构

2. 改进的 BP 算法

限于梯度下降算法的固有缺陷,标准的 BP 算法通常具有收敛速度慢、易陷入局部极小值等缺点,因此在实际应用时,大多是用 BP 的改进算法。在最优化算法中,Levenberg-Marquardt 算法是一种非常有效的优化设计方法。此方法中误差指标定义为

$$\hat{F} = \frac{1}{2}\sum_{j=1}^{n}[\frac{1}{2}\sum_{i=1}^{m}(o_{ij} - \hat{o_{ij}})]^2 = \frac{1}{2}\hat{\boldsymbol{E}}^{\mathrm{T}}\hat{\boldsymbol{E}} \tag{6.6}$$

式中,$\hat{\boldsymbol{E}} = [\hat{e_1}, \hat{e_2}, \cdots, \hat{e_n}]^{\mathrm{T}}$ 为 n 维向量,$\hat{e_k} = \frac{1}{2}\sum_{i=1}^{k}(o_{ik} - \hat{o_{ik}})$,$k = 1, 2, \cdots, n$。

权值调整公式为

$$w_{t+1} = w_t - (\hat{\boldsymbol{J}}^{\mathrm{T}} \hat{\boldsymbol{J}} + \mu \boldsymbol{I})^{-1} \hat{\boldsymbol{J}}^{\mathrm{T}} \hat{\boldsymbol{E}} \tag{6.7}$$

式中，$\hat{\boldsymbol{J}} = \dfrac{\partial \hat{\boldsymbol{E}}}{\partial w}$ 为 $n \times p$ 维的 Jacobian 矩阵，该矩阵中的第 k 行为 $\dfrac{\partial \hat{e}_k}{\partial w} = \sum\limits_{i=1}^{m} \dfrac{\partial e_{ik}}{\partial w} e_{ik}$。

对于式(6.7)仍需对一个 $p \times p$ 维的方阵进行求逆计算，可以根据矩阵求逆公式进行转化。矩阵的求逆公式为

若 $\boldsymbol{A} = \boldsymbol{B}^{-1} + \boldsymbol{C}\boldsymbol{D}^{-1}\boldsymbol{C}^{\mathrm{T}}$，则

$$\boldsymbol{A}^{-1} = \boldsymbol{B} - \boldsymbol{B}\boldsymbol{C}(\boldsymbol{D} + \boldsymbol{C}^{\mathrm{T}}\boldsymbol{B}\boldsymbol{C})^{-1}\boldsymbol{B} \tag{6.8}$$

令 $\boldsymbol{A} = \hat{\boldsymbol{J}}^{\mathrm{T}} \hat{\boldsymbol{J}} + \mu \boldsymbol{I}$，$\boldsymbol{B} = \dfrac{1}{\mu}\boldsymbol{I}$，$\boldsymbol{C} = \boldsymbol{J}^{\mathrm{T}}$，$\boldsymbol{D} = \boldsymbol{I}$，则

$$(\hat{\boldsymbol{J}}^{\mathrm{T}} \hat{\boldsymbol{J}} + \mu \boldsymbol{I})^{-1} = \frac{1}{\mu}\boldsymbol{I} - \frac{1}{\mu^2}\hat{\boldsymbol{J}}^{\mathrm{T}}(\boldsymbol{I} + \frac{1}{\mu}\hat{\boldsymbol{J}}\hat{\boldsymbol{J}}^{\mathrm{T}})^{-1}\hat{\boldsymbol{J}} \tag{6.9}$$

这时，新的权值调整公式为

$$w_{t+1} = w_t - [\frac{1}{\mu}\boldsymbol{I} - \frac{1}{\mu^2}\hat{\boldsymbol{J}}^{\mathrm{T}}(\boldsymbol{I} + \frac{1}{\mu}\hat{\boldsymbol{J}}\hat{\boldsymbol{J}}^{\mathrm{T}})^{-1}\hat{\boldsymbol{J}}]\hat{\boldsymbol{J}}^{\mathrm{T}}\hat{\boldsymbol{E}} \tag{6.10}$$

对于式(6.10)，只需求解一个 $n \times n$ 维的矩阵的逆，当网络的输出个数 $n = 1$ 时，$\hat{\boldsymbol{J}}$ 为一个 p 维的行向量，式(6.10)可变为

$$w_{t+1} = w_t - \frac{1}{\mu}(\boldsymbol{I} - \frac{\hat{\boldsymbol{J}}^{\mathrm{T}}\hat{\boldsymbol{J}}}{\mu + \hat{\boldsymbol{J}}\hat{\boldsymbol{J}}^{\mathrm{T}}})\hat{\boldsymbol{J}}^{\mathrm{T}}\hat{\boldsymbol{E}} \tag{6.11}$$

根据公式(6.11)来进行权值的调整，可以减少矩阵求逆的过程。当网络的输出个数 $n \neq 1$ 时，在计算权值的调整量时，可以将网络分解成单输出的网络分别进行处理。该方法通过调整参数在牛顿法(当 $m \rightarrow 0$ 时)和最速下降法(当 $m \rightarrow \infty$ 时)之间光滑的变化，来解决矩阵求逆的问题，收敛速度快，在实际使用时能取得较好的效果。

3. 车速跟踪神经网络控制器

所建无人驾驶机器人车速跟踪神经网络控制模型结构如图 6.13 所示。车速跟踪控制神经网络采用三层网络结构的改进 BP 神经网络，网络训练选用基于数值最优化理论的 Levenberg-Marquandt 算法。其神经网络模型结构为[4-5-1]。

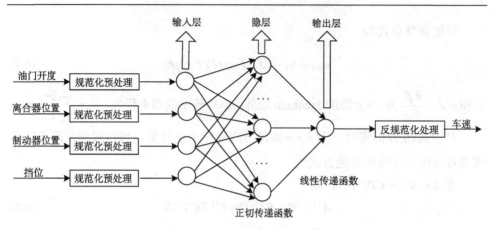

图 6.13　无人驾驶机器人车速跟踪神经网络控制模型结构

　　网络输入层为四节点输入，即无人驾驶机器人油门、制动、离合机械腿和换挡机械手的位移值，也就是油门开度、离合器位置、制动器位置和挡位。获得输入、输出变量后，要对其进行规范化预处理，将数据处理为区间[0, 1]之间的数据，使那些比较大的数据仍然落在传递函数梯度大的地方，有利于提高网络训练性能。归一化方法有很多形式，这里采用如下公式：

$$\hat{x} = \frac{x - x_{\min}}{x_{\max} - x_{\min}} \tag{6.12}$$

　　网络中间层为隐层，传递函数采用正切传递函数 tansig。网络隐层神经元的数目也对网络有一定的影响。神经元数目太少会造成网络的不适性，而神经元数目太多又会引起网络的过适性。由 Kolmogorov 定理，并根据经验，最终选取网络隐层节点数为 5。网络输出层为单节点输出，即车速，传递函数采用线性传递函数 purelin。网络输出数据经过反规范化后期处理，得到试验车辆车速。

6.3.2　仿真结果与分析

　　为了验证提出的无人驾驶机器人车速跟踪神经网络控制方法的有效性，在国家客车质量监督检验中心 BOCO NJ 150/80 型底盘测功机上由驾驶机器人操纵试验车辆进行长时间的排放耐久性试验。试验过程中，采集无人驾驶机器人换挡机械手、油门机械腿、离合器机械腿、制动机械腿以及相应的试验车辆车速的实时数据，获得 264 组样本数据。将这些数据分成三个部分，分别用于训练、验证和测试。将数据的 1/4(66 组)用于验证、数据的 1/4(66 组)用于测试，其余的(132组)用于训练网络。采用等间隔的方式在原始数据中抽取出这些数据，利用数据对所建 BP 神经网络模型进行训练。试验所得数据需进行归一化处理，以方便用于网络的训练。将 Levenberg-Marquandt 算法与传统的梯度下降法进行对比分析，网络训练过程如图 6.14 和图 6.15 所示。

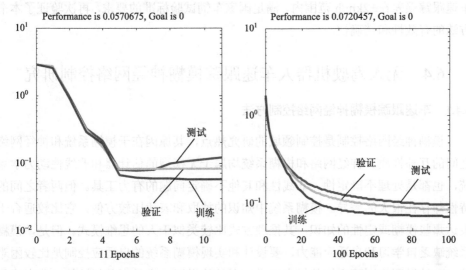

图 6.14　Levenberg-Marquardt 法网络训练过程　　图 6.15　梯度下降法网络训练过程

　　由图 6.14 和图 6.15 可以看出，同样隐层节点数选为 5，前者算法收敛速度远比后者要快得多，且达到精度指标较高。将训练误差、验证误差和测试误差绘制在一幅图中，如图 6.16 所示，这样就可以更加直观地观察训练过程。由图 6.16 可以看出，结果是合理的，测试误差和验证误差性质相似，证明训练后的车速跟

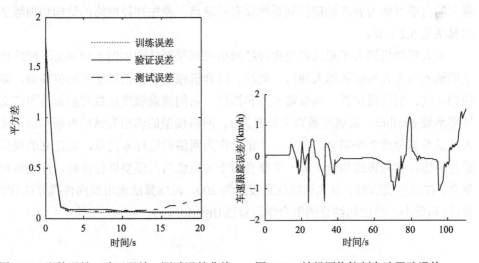

图 6.16　训练误差、验证误差、测试误差曲线　　图 6.17　神经网络控制车速跟踪误差

踪 BP 神经网络模型是有效的。无人驾驶机器人神经网络控制车速跟踪误差曲线见图 6.17。从图 6.17 可以看出,所提出的方法能取得对给定车速的良好跟踪控制,车速跟踪误差在±2km/h 范围内,满足国家车辆试验标准的要求,再次验证了本书方法的有效性和精确性。

6.4　无人驾驶机器人车速跟踪模糊神经网络控制研究

6.4.1　车速跟踪模糊神经网络控制方法

模糊神经网络控制是控制领域的研究热点,其原因在于模糊系统和神经网络之间的互补性质。神经网络和模糊系统均属于无模型的估计器和非线性动力学系统,也都是处理不确定性、非线性和其他不确定问题的有力工具。但两者之间的特性却存在很大的差异。模糊系统中知识的抽取和表达比较方便,它比较适合于表达那些模糊或定性的知识,其推理方式比较类似于人的思维模式。但是,模糊系统缺乏自学习和自适应能力,要设计和实现模糊系统的自适应控制是比较困难的。而神经网络则可直接从样本中进行有效的学习,它具有并行计算、分布式信息存储、容错能力强以及具备自适应学习功能等一系列优点。但是,在对神经网络进行训练时,由于不能很好地利用已有的经验知识,初始权值的选取较为困难,从而增加了网络的训练时间或者陷入非要求的局部极值[86]。

模糊神经网络是一种可以将模糊逻辑和神经网络有机结合的模糊推理系统,既能充分发挥两者的优点,又可弥补各自的不足。它的优异之处在于用神经网络强大的自学习能力补偿模糊控制系统原有的缺点。模糊神经网络的结构和训练学习算法见 5.2.1 节。

无人驾驶机器人车速跟踪模糊神经网络控制模型结构如图 6.18 所示。网络模型的输入为无人驾驶机器人油门、制动、离合机械腿和换挡机械手的位移值,即油门开度、制动器位置、离合器位置和挡位,它们的隶属度函数类型都选用广义钟形函数 gbellmf,隶属度函数个数都为 3;网络模型的输出为试验车辆车速。输入变量数据分成 2 个集合,其中一个集合作为网络训练样本向量,对建立的模型进行训练,称为训练集合;另一个集合用于对训练后的模型进行检验,称为核对集合。在进行训练时,最大训练次数设定为 200,训练算法选用反向传播算法(BP算法)和最小二乘法相结合的混合学习算法(hybrid)。

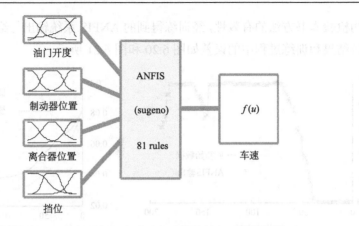

图 6.18　无人驾驶机器人车速跟踪模糊神经网络控制模型

6.4.2　仿真结果与分析

为验证本书提出的驾驶机器人模糊神经网络控制方法的有效性，根据 GB 18352.2—2001《轻型汽车污染物排放限值及测量方法(II)》所要求的规定标准，在国家客车质量监督检验中心 BOCO NJ 150/80 型底盘测功机上由驾驶机器人进行长时间的排放耐久性 V 型试验。试验过程中，采集试验车辆车速、驾驶机器人换挡机械手和油门、制动、离合机械腿的实时数据，得 230 组数据。对于训练样本数据的数量选取如果过少则精度不够，但数量过大会引起过度训练，且影响算法的速度，综合考虑后选取训练样本数据 190 组，核对样本数据 40 组，利用数据对所建立的模糊神经网络控制模型进行训练。驾驶机器人模糊神经网络控制系统输入数据见图 6.19。

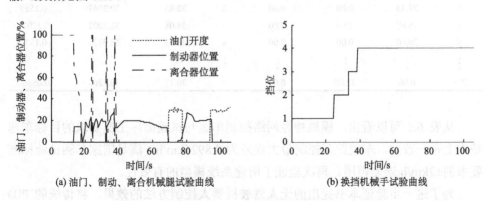

(a) 油门、制动、离合机械腿试验曲线　　　　　　(b) 换挡机械手试验曲线

图 6.19　驾驶机器人模糊神经网络控制系统输入数据

为检验本书方法的有效性,经训练得到的 ANFIS 系统输出与给定原初始数据的比较结果和训练过程中的误差如图 6.20 和图 6.21 所示。

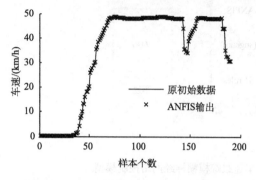

图 6.20　ANFIS 输出与给定数据的比较

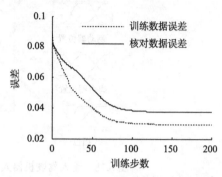

图 6.21　训练过程中的误差变化曲线

由图 6.20 可以看出,ANFIS 系统输出与给定原初始数据具有较好的一致性。而从图 6.21 可以看出,训练数据误差和核对数据误差随着训练次数的增加同时减小,训练数据的最大均方根误差为 0.081,核对数据的最大均方根误差为 0.088,说明所建系统模型是有效的。无人驾驶机器人模糊神经网络控制的部分试验结果如表 6.5 所示。

表 6.5　无人驾驶机器人模糊神经网络控制试验结果

样本号	油门开度 /%	制动器位置 /%	离合器位置 /%	挡位	目标车速 /(km/h)	FNN 控制车速 /(km/h)	误差 /(km/h)
1	0.00	0.00	100.00	1	0.00	0.0000	0.0000
2	15.67	0.00	0.00	1	12.69	13.5826	0.8926
3	21.33	0.00	0.00	2	30.46	30.3043	−0.1557
4	16.67	0.00	0.00	3	38.08	38.3001	0.2201
5	20.00	0.00	0.00	4	48.23	48.0928	−0.1372
⋮	⋮	⋮	⋮	⋮	⋮	⋮	⋮
230	0.00	32.00	0.00	4	30.77	30.8266	0.0566

从表 6.5 可以看出,模糊神经网络控制车速与试验循环工况要求的目标车速基本上是一致的,车速跟踪控制最大误差为 0.8926km/h,满足国家车辆试验标准要求的±2km/h 误差范围,再次验证了所建系统模型的有效性。

为了进一步验证本书提出的无人驾驶机器人控制方法的效果,将传统的 PID 控制方法与本书方法进行对比分析,车速跟踪(以 48km/h 循环行驶工况为例)结果对比如图 6.22 和图 6.23 所示,车速跟踪误差结果对比如图 6.24 所示。

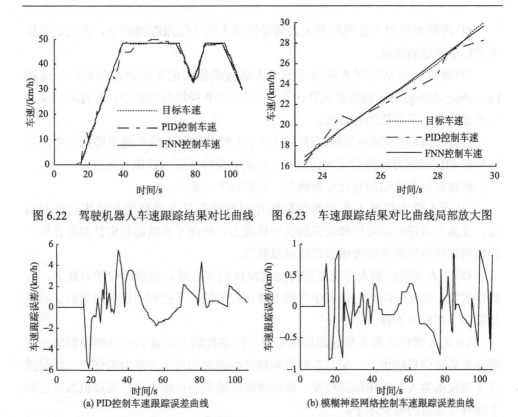

图 6.22　驾驶机器人车速跟踪结果对比曲线　　图 6.23　车速跟踪结果对比曲线局部放大图

图 6.24　驾驶机器人车速跟踪误差对比曲线

从图 6.22~图 6.24 可以看出，PID 控制车速波动大，尤其在稳速工况时，车速变化幅度甚至超过±5km/h，超过了国家车辆试验标准要求的±2km/h 的车速跟踪精度；而本书提出的模糊神经网络控制车速变化柔和、波动小，能准确跟踪试验循环工况要求的目标车速，该方法明显提高了车速控制精度，车速跟踪误差在±1km/h 范围内，满足国家车辆试验标准的要求。采用本书方法的驾驶机器人平顺地实现了车辆起步、加速、换挡、等速、减速等操作，各工况之间过渡平稳，与人类驾驶员的驾驶动作一致，达到了熟练驾驶员的驾驶水平，实现了高重复性的拟人化驾驶，完全能够代替试验人员进行各种车辆试验。

6.5　本 章 小 结

本章深入研究了无人驾驶机器人车速跟踪智能控制策略问题，在对驾驶循环行驶工况进行分析的基础上，主要做了以下工作：

(1)将模糊控制方法应用到无人驾驶机器人的车速跟踪控制中，并由试验结果进行了方法的验证。

(2)将神经网络控制方法应用到无人驾驶机器人的车速跟踪控制中，采用Levenberg-Marquandt训练算法设计了三层改进BP神经网络模型，经过对结果的误差分析验证了方法的有效性。

(3)将模糊神经网络控制方法应用到无人驾驶机器人的车速跟踪控制中，并与传统PID控制方法进行了对比分析，仿真结果验证了方法的有效性。

经过对以上方法的对比分析研究，得到以下结论：

(1)无人驾驶机器人车速跟踪模糊控制方法既具有良好的车速跟踪控制精度，又具有良好的实时性和较强的抗干扰能力，提高了系统的稳定性和鲁棒性。但模糊控制规则及隶属度函数比较难以获得。

(2)无人驾驶机器人车速跟踪神经网络控制方法具有很强的自学习能力，收敛速度快。但神经网络对语言信息的处理比较欠缺，不能利用已有的驾驶员的经验知识，实时性不好。

(3)无人驾驶机器人车速跟踪模糊神经网络控制方法既具有模糊控制善于利用专家语言信息的优点，又具备神经网络控制强大的自学习能力的优点，明显提高了驾驶机器人车速跟踪的精度，能精确跟踪给定的目标车速，驾驶机器人达到了熟练驾驶员的驾驶水平。

第7章 电磁直驱无人驾驶机器人车辆路径及速度解耦控制

随着汽车技术的发展和科技的进步，人们对汽车在环保、能耗、安全、舒适及驾驶等方面的要求越来越高，汽车的研究设计正在向集成计算机技术、微电子技术、智能自动化技术及人工智能等技术为一体的智能网联汽车[87]发展，而汽车自动驾驶技术正是智能网联汽车关键技术之一，无人驾驶机器人也是汽车自动驾驶技术的一种。由于无人驾驶机器人无需对车辆进行任何改装，可以直接安装在不同车型的驾驶室内，其成本相对于智能汽车也较低，因此无人驾驶机器人是进行汽车试验以及实现车辆无人驾驶蓝图畅想的一个比较理想的解决方案。为了实现电磁直驱无人驾驶机器人能够驾驶车辆在复杂的道路上安全、平稳行驶，则需要对无人驾驶机器人车辆进行精确的运动控制，因此无人驾驶机器人车辆的路径及速度跟踪策略显得尤为重要。

7.1 无人驾驶机器人车辆路径及速度解耦控制策略

本书无人驾驶机器人车辆路径和速度的跟踪控制中的期望路径和期望速度均是已知量，其中期望路径为已知道路的中心线，期望路径和期望速度均可用时域函数 $f(X^*(t), Y^*(t))$ 和 $v(t)$ 表示，其中 $(X^*(t), Y^*(t))$ 为期望路径在大地坐标系下的坐标。无人驾驶机器人车辆路径和速度跟踪控制流程图如图 7.1 所示。无人驾驶机器人车辆纵向控制模块通过计算期望车速与实际车速的偏差决策出一个统一油门开度，统一油门开度为正表示油门机械腿下压油门踏板的开度，统一油门开度为负表示制动机械腿下压制动踏板的开度，换挡机械手和离合机械腿根据两参数动力性换挡策略分别操纵换挡手柄和离合踏板完成相应驾驶动作；无人驾驶机器人车辆横向控制模块通过计算车辆期望路径与实际路径的侧向偏差决策出方向盘转角，从而控制转向机械手操纵方向盘转动相应角度。

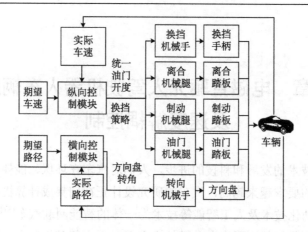

图 7.1　车辆路径和速度跟踪控制流程图

7.1.1　无人驾驶机器人车辆模糊免疫 P 路径控制策略

　　电磁直驱无人驾驶机器人车辆路径跟踪控制采用模糊免疫 P 控制策略。根据文献[88, 89]所述的"预瞄-跟踪"驾驶员模型，假设驾驶员预瞄时间为 T，t 时刻无人驾驶机器人车辆的侧向位移为 $y(t)$，t 时刻的侧向速度为 $v_y(t)$，$t+T$ 时刻车辆的侧向位移为 $y(t+T)$。若车辆在 t 时刻以一个理想侧向加速度 a_y^* 运动，则应该满足以下关系式：

$$y(t+T) = y(t) + v_y(t)T + \frac{1}{2}a_y^*T^2 \tag{7.1}$$

式中，$y(t+T)$，$y(t)$ 均为车辆坐标系下的纵向坐标，车辆坐标系下的坐标可由大地坐标系转换而来，车辆坐标系与大地坐标系如图 7.2 所示。

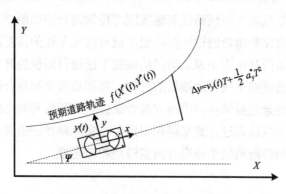

图 7.2　车辆坐标系与大地坐标系

车辆坐标系与大地坐标系的坐标变换关系为

$$\begin{cases} x(t) = \cos(\psi)X(t) + \sin(\psi)Y(t) \\ y(t) = \cos(\psi)Y(t) - \sin(\psi)X(t) \end{cases} \tag{7.2}$$

则无人驾驶机器人车辆的理想侧向加速度应为

$$a_y^* = \frac{2}{T^2}[y(t+T) - y(t) - Tv_y(t)] \tag{7.3}$$

由于车辆的理想方向盘转角 δ^* 与车辆侧向稳态增益 G_{ay} 满足以下关系：

$$\delta^* = a_y^* / G_{ay} \tag{7.4}$$

联立(7.3)(7.4)式可得无人驾驶机器人车辆理想方向盘转角为

$$\delta^* = \frac{1}{G_{ay}} \frac{2}{T^2}[y(t+T) - y(t) - Tv_y(t)] \tag{7.5}$$

由于车辆是一个高度非线性系统以及各种复杂的行驶工况，车辆实际侧向稳态增益 G_{ay} 可能与计算结果有所差异，这可能导致无法得到理想的侧向加速度 a_y^*，因此本书增加一个侧向加速度反馈来补偿一个方向盘转角 $\Delta\delta$，则无人驾驶机器人车辆转向机械手实际操纵车辆方向盘转动的角度为

$$\delta = \delta^* + \Delta\delta = \delta^* + P(a_y^* - a_y) \tag{7.6}$$

式中，P 为侧向加速度反馈增益；a_y 为实际车辆侧向加速度。由于车辆侧向动力学的高度非线性，侧向加速度反馈增益 P 可设计为一个模糊免疫 P 控制器。

在生物体的免疫系统中当抗原侵犯机体时，将信息传递给 T 细胞，然后 T 细胞进一步分化为增强 B 细胞的 T_H 细胞和抑制 B 细胞的 T_S 细胞，T_H 和 T_S 细胞共同刺激 B 细胞，而 B 细胞又可以产生相应的抗体消除外来抗原。当抗原过多时则产生的 T_H 细胞较多从而促进 B 细胞产生抗体以消除抗原，反之当抗原较少时则产生的 T_H 细胞减少，而 T_S 细胞则会增多，从而产生的抗体也减少。

生物体的免疫机理[90]可以确保免疫系统稳定的同时快速消除抗原，并且防止抗体过多对机体的伤害。而在车辆方向盘转角的动态调节过程中，在保证车辆转向稳定性的前提下快速消除车辆的侧向加速度偏差的目标与生物体免疫系统反馈调节的目标是一致的。在免疫系统中，假设第 k 代的抗原数量为 $\varepsilon(k)$，由抗原刺激的 T_H 细胞输出为 $T_H(k)$，由抗原刺激的 T_S 细胞输出为 $T_S(k)$，则 B 细胞接收的总刺激 $B(k)$ 为

$$B(k) = T_H(k) - T_S(k) \tag{7.7}$$

其中：

$$T_H(k) = k_1\varepsilon(k) \tag{7.8}$$

$$T_S(k) = k_2 f(B(k), B(k) - B(k-1))\varepsilon(k) = k_2 f(B(k), \Delta B(k))\varepsilon(k) \qquad (7.9)$$

式中，$\varepsilon(k)$ 为侧向加速度偏差 $e(k)$；k_1 为促进参数；k_2 为抑制参数；$B(k)$ 可看作为控制率 $u(k)$。联立式(7.7)~式(7.9)可得控制率 $u(k)$ 的表达式为

$$u(k) = k_1 e(k) - k_2 f(u(k), \Delta u(k))e(k) = k_r(1 - \eta_r f(u(k), \Delta u(k)))e(k) \qquad (7.10)$$

式中，$k_r = k_1$ 为比例参数，用于控制车辆方向盘转角的调节速度；$\eta_r = k_2 / k_1$ 为抑制参数，用于控制车辆转向系统的稳定性。从上式可知该控制器为一个非线性 P 控制器，则模糊免疫 P 控制器的比例参数 k_p 为

$$k_p = k_r(1 - \eta_r f_r(u(k), \Delta u(k))) \qquad (7.11)$$

$f_1(u(k), \Delta u(k))$ 是一个非线性函数，本书中可以用模糊方法来逼近该非线性函数。设模糊控制的输入为 $u(k)$、$\Delta u(k)$，其模糊集可表达为 P(正)和 N(负)，模糊控制的输出为非线性函数 $f(u(k), \Delta u(k))$，简写为 $f()$，其模糊子集为 P(正)、Z(零)和 N(负)，其输入变量和输出变量隶属度曲线如图 7.3 和图 7.4 所示。

根据免疫调节机理可得到以下模糊规则：

Rule 1: If u is P and Δu is P then $f()$ is N

Rule 2: If u is P and Δu is N then $f()$ is Z

Rule 3: If u is N and Δu is P then $f()$ is Z

Rule 4: If u is N and Δu is N then $f()$ is P

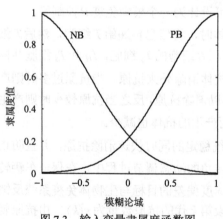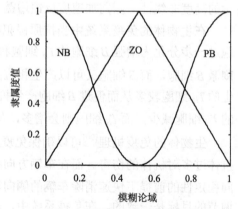

图 7.3　输入变量隶属度函数图　　　　　图 7.4　输出变量隶属度函数图

本书使用 Zadeh 的模糊逻辑进行 AND 操作，并采用重心法反模糊化方法得到所要逼近的非线性函数 $f(u(k), \Delta u(k))$，联立式(7.5)、式(7.6)、式(7.11)可得无人驾驶机器人车辆转向机械手操纵车辆方向盘转动的理想角度为 δ，即电磁直驱无人驾驶机器人车辆路径跟踪模糊免疫 P 控制器的控制率为

$$\delta = \frac{1}{G_{ay}}\frac{2}{T^2}[\Delta y - Tv_y(t)] + k_r(1 - \eta_r f_r(u(k), \Delta u(k)))(a_y^* - a_y) \qquad (7.12)$$

无人驾驶机器人车辆路径跟踪控制结构图如图 7.5 所示。

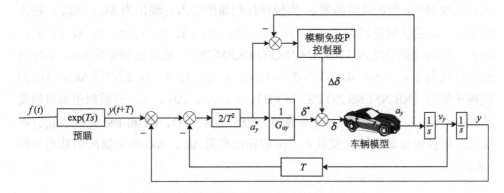

图 7.5　无人驾驶机器人车辆路径跟踪控制结构图

7.1.2　无人驾驶机器人车辆模糊免疫 PID 速度控制策略

电磁直驱无人驾驶机器人车辆速度跟踪控制采用模糊免疫 PID 控制策略。车辆纵向动力学是一个高度非线性系统[91]，很难用精确的数学模型表示，本书以无人驾驶机器人车辆的期望车速和实际车速的偏差作为控制变量，用模糊免疫 PID 控制实现了无人驾驶机器人车辆速度的精确跟踪。与 7.1.1 节无人驾驶机器人车辆侧向加速度模糊免疫 P 控制相类似，本书用模糊免疫 P 控制器修正车速 PID 控制器的比例系数 Δk_p，用模糊控制分别修正 PID 控制器的积分系数 Δk_i 和微分系数 Δk_d，则无人驾驶机器人车辆速度的控制率设计为

$$\alpha = (k_p + \Delta k_p)e(t) + (k_i + \Delta k_i)\int_0^t e(t)\mathrm{d}t + (k_d + \Delta k_d)\frac{\mathrm{d}e(t)}{\mathrm{d}t} \qquad (7.13)$$

式中，控制率 α 表示统一油门开度，其值若为正表示无人驾驶机器人油门机械腿的开度，其值若为负表示制动机械腿的开度，取值范围限制在[-1,1]区间内；k_p、k_i、k_d 分别为比例、积分和微分系数；Δk_p、Δk_i、Δk_d 分别为 PID 参数在线调整值；$e(t) = v_y^*(t) - v_y(t), v_y^*(t)$ 为期望车速；$v_y(t)$ 为实际车速。由于比例系数运用模糊免疫 P 控制算法在线调整，因此 Δk_p 可表示为

$$\Delta k_p = k_s(1 - \eta_s f_s(u(k), \Delta u(k))) \qquad (7.14)$$

式中，k_s 为比例参数；$\eta_s = k_2/k_1$ 为抑制参数。$f_s(u(k), \Delta u(k))$ 函数利用模糊算法逼近，其逼近过程与 7.1.1 节所述无人驾驶机器人车辆侧向加速度反馈模糊免疫 P

控制一致。

　　单纯的 P 控制器无法消除静差并使系统趋于稳定，本书利用模糊控制方法在线调整了 PID 控制器的微分系数 Δk_i 和积分系数 Δk_d。设无人驾驶机器人车辆的纵向速度偏差 e 和加速度偏差 ec 为模糊控制器的输入，输出为 Δk_i、Δk_d。输入变量 e、ec 的模糊论域为 $\{-6, -5, -4, -3, -2, -1, 0, 1, 2, 3, 4, 5, 6\}$，则 e、ec 的模糊子集为 $\{NB,NM,NS,ZO,PS,PM,PB\}$；输出控制变量 Δk_i、Δk_d 的模糊论域为 $\{-6, -5, -4, -3, -2, -1, 0, 1, 2, 3, 4, 5, 6\}$，则 Δk_i、Δk_d 的模糊子集为 $\{NB,NM,NS,ZO,PS,PM,PB\}$。e、ec、Δk_i、Δk_d 的模糊子集隶属度函数中，NB 和 PB 采用正态分布曲线，NM、NS、ZO、PS 和 PM 采用三角分布曲线，则模糊控制的输入变量 e、ec 和输出变量 Δk_i、Δk_d 的隶属度函数均如图 7.6 所示。

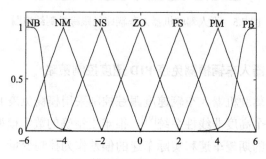

图 7.6　模糊控制的隶属度函数图

　　根据 PID 控制器的调节特点可以制定如表 7.1 所示的模糊控制规则。本书使用 Zadeh 的模糊逻辑进行 AND 操作，并采用重心法反模糊化方法即可得到 PID 控制算法的在线整定值 Δk_i 和 Δk_d。

表 7.1　模糊控制规则

$\Delta k_i / \Delta k_d$	NB	NM	NS	ZO	PS	PM	PB
NB	NB/PS	NB/NS	NM/NB	NM/NB	NS/NB	ZO/NM	ZO/PS
NM	NB/PS	NB/NS	NM/NB	NS/NM	ZO/NS	PS/NS	PS/ZO
NS	NB/ZO	NM/NS	NS/NM	NS/NM	ZO/NS	PS/NS	PS/ZO
ZO	NM/ZO	NM/NS	NS/NS	ZO/NS	PS/NS	PM/NS	PM/ZO
PS	NM/ZO	NS/ZO	ZO/ZO	PS/ZO	PS/ZO	NM/ZO	PB/ZO
PM	ZO/PB	ZO/NS	PS/PS	PS/PS	PM/PS	PB/PS	PB/PB
PB	ZO/PB	ZO/PM	PS/PM	PM/PM	PM/PS	PB/PS	PB/PB

电磁直驱无人驾驶机器人车辆车速模糊免疫 PID 控制可以决策出一个统一油门开度控制无人驾驶机器人油门/制动机械腿操纵油门/制动踏板完成相应驾驶动作，电磁直驱无人驾驶机器人车辆车速跟踪控制结构如图 7.7 所示。

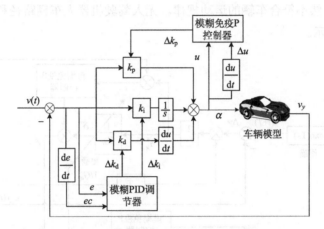

图 7.7　无人驾驶机器人车辆车速跟踪控制结构图

7.1.3　无人驾驶机器人车辆路径及速度解耦控制策略

无人驾驶机器人车辆路径和车速的跟踪控制存在耦合现象。一方面车辆转向对车辆车速有一定影响，无人驾驶机器人车辆车速控制模块可以通过调节制动踏板和油门踏板的开度来尽可能补偿其对车速的影响。另一方面车辆纵向车速对于车辆的横向转向运动也有显著影响，根据式 (7.12) 可得车辆路径跟踪的理想方向盘转角 δ 与车辆侧向稳态增益 G_{ay} 成正比，而车辆侧向稳态增益 G_{ay} 又与车速 v_x 有关，其关系式为

$$G_{ay} = \frac{v_x^2}{Li_s(1 + Kv_x^2)} \tag{7.15}$$

式中，L 为车辆轴距；i_s 为从方向盘到转向车轮的转角传动比；K 为车辆稳定性因素，车辆有不同的转向特性，其值一般在 0.002～0.005s²/m² 之间。将式 (7.15) 代入式 (7.12) 可得理想方向盘转角与车速的关系式为

$$\delta = \frac{Li_s(1 + Kv_x^2)}{v_x^2} \frac{2}{T^2}[\Delta y - Tv_y(t)] + k_r(1 - \eta_r f_r(u(k), \Delta u(k)))(a_y^* - a_y) \tag{7.16}$$

由此可见无人驾驶机器人横向控制的理想方向盘转角 δ 与车辆纵向控制的车速 v_x 存在着耦合关系，因此可利用无人驾驶机器人纵向控制反馈的实际车速 v_x 来不断更新车辆的侧向稳态增益 G_{ay}，从而可以不断地更新方向盘转角 δ，从而实

现无人驾驶机器人车辆横向转向控制和纵向车速控制的解耦；而未解耦控制中无人驾驶机器人车辆横向转向控制和纵向车速控制相对独立，未用车速更新影响车辆转向的重要参数车辆侧向稳态增益，即忽略了无人驾驶机器人车辆车速对转向的影响，其显然不符合车辆的运动规律。无人驾驶机器人车辆路径和车速解耦控制如图 7.8 所示。

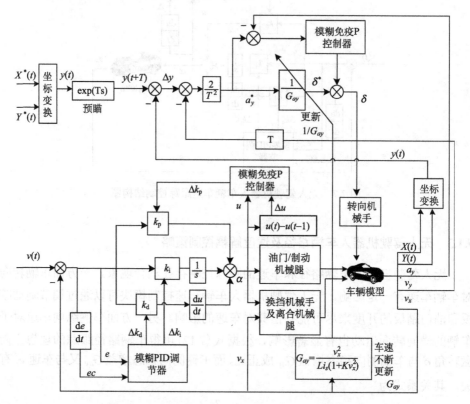

图 7.8　无人驾驶机器人车辆路径及车速解耦控制

7.2　无人驾驶机器人车辆解耦控制建模与联合仿真

7.2.1　无人驾驶机器人车辆解耦控制建模

CARSIM 为车辆动力学参数化仿真软件，用于仿真车辆对驾驶员、路面等输入的响应，被广泛应用。MATLAB/SIMULINK 具有和多种软件通信的能力，利用 SIMULINK 可以和 ADAMS 和 CARSIM 畅通通信的优势，可建立融合无人驾驶机器人机械系统、控制系统以及车辆模型的 ADAMS/SIMULINK/CARSIM 联合仿真模型。其中，运用 ADAMS 建立电磁直驱无人驾驶机器人的机械系统动力学模型，运用 CARSIM 建立车辆模型，运用 SIMULINK 建立无人驾驶机器人控制系统模型。多软件联合仿真软件接口见图 7.9。

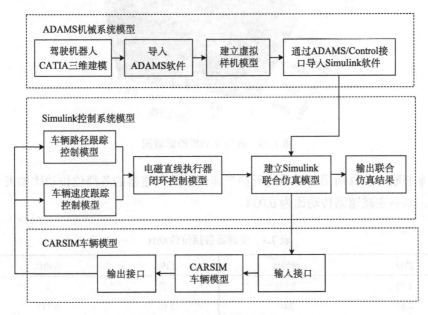

图 7.9　联合仿真软件接口

1. CARSIM 车辆模型

CARSIM 软件可以为联合仿真模型提供精确的车辆模型，本书车辆模型选取 CARSIM 软件中的 B class hatchback 2012 车型，其车辆主要参数如表 7.2 所示。

表 7.2　车辆主要结构参数

参数	数值	参数	数值
长度/mm	3850	迎风面积/m^2	1.6
宽度/mm	1695	空气阻力系数	0.3
高度/mm	1845	轮胎半径/mm	310
轴距/mm	2600	整备质量/kg	1230

本书联合仿真所用发动机选择 CARSIM 软件中 150kW 发动机，其脉谱图如图 7.10 所示。根据发动机的脉谱图可制定相关换挡策略。

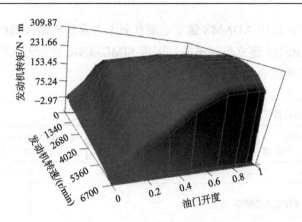

图 7.10　选用发动机的脉谱图

本书联合仿真所用变速器为五挡变速器，其变速器的各挡位传动比如表 7.3 所示。本书主减速器传动比为 0.034。

表 7.3　变速器各挡位传动比

挡位	传动比	挡位	传动比
1 挡	3.538	4 挡	1
2 挡	2.06	5 挡	0.713
3 挡	1.404	倒挡	−3.168

CARSIM 软件的信号输入端口设置为方向盘转角、挡位信号、离合/制动/油门踏板的开度，信号输出端口设置为车辆在大地坐标系下实时坐标、侧向加速度、航向角、车辆纵向速度和侧向速度等。

2. 换挡策略

对于手动变速器需要设定相关换挡策略，本书无人驾驶机器人车辆的换挡策略采用两参数动力性换挡规律，即根据车速和油门开度决策出变速器升挡和降挡时机，其升挡表和降挡表如图 7.11 和图 7.12 所示。

车辆的换挡策略和换挡逻辑较为复杂，对于复杂的逻辑问题可借助 MATLAB 中有限状态机(stateflow)模块来建立相应的换挡策略。图 7.13 所示为换挡逻辑有限状态机模型。有限状态机模型可以用来解决控制系统各个状态之间的复杂的逻辑关系。车辆的挡位状态可分为稳定状态、升挡状态和降挡状态，有限状态机模型可根据如图 7.11 和图 7.12 所示的升挡表和降挡表决策出车辆下一时刻的挡位状态。如车辆当前在某一挡位处于稳定状态，当车辆的实时车速大于升挡车速时，则有限状态机切换到升挡状态，车辆变速器上升一个挡位；当车辆的实时车速小于降挡车速时，则有限状态机切换到降挡状态，车辆变速器下降一个挡位，其中升挡车速和降挡车速由车辆实时的油门状态和挡位信息决定。因此换挡逻辑有限状态机模型可根据油门开度、当前车速和挡位状态决策出电磁直驱无人驾驶机器人车辆下一时刻的挡位，从而操纵电磁直驱无人驾驶机器人各执行机构运动到相应位置。

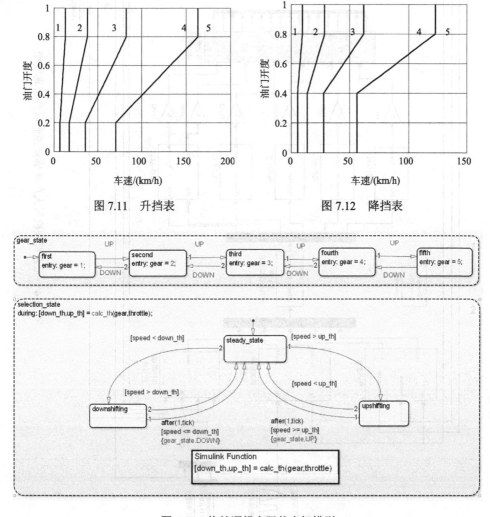

图 7.11　升挡表　　　　　　　　图 7.12　降挡表

图 7.13　换挡逻辑有限状态机模型

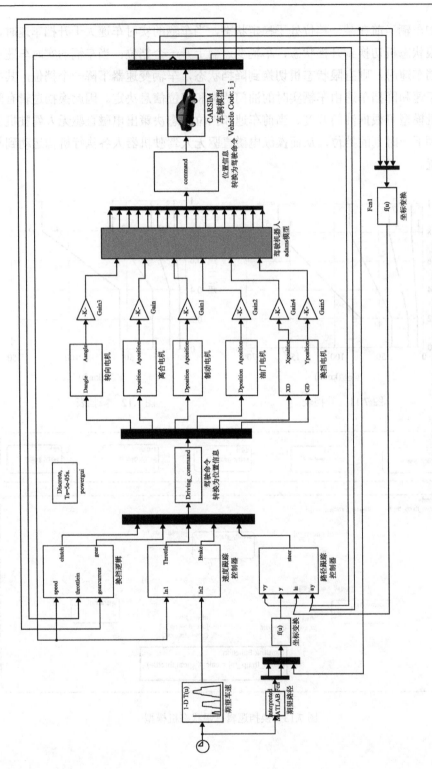

图 7.14　无人驾驶机器人车辆解耦控制联合仿真模型

车辆换挡是离合、油门和换挡手柄协调工作的过程,换挡时油门机械腿回收使加速踏板逐渐松开,并同时操纵离合机械腿踩下离合器,随后换挡机械手根据换挡表操纵换挡手柄换到相应挡位上,最后离合踏板开始松开,当离合器到达半接合区时开始加油门。

3. 联合仿真模型建立

在 MATLAB/SIMULINK 软件中分别搭建电机三闭环控制模型、换挡策略模型、无人驾驶机器人车辆路径跟踪控制器模型及速度跟踪控制器模型等,ADAMS 软件提供无人驾驶机器人动力学模型,CARSIM 软件提供车辆模型,即可建立如图 7.14 所示的无人驾驶机器人车辆解耦控制 ADAMS/SIMULINK/CARSIM 联合仿真模型。

图 7.14 中无人驾驶机器人车辆路径跟踪控制器通过比较车辆实际路径(CARSIM 输出端口反馈的信息)和期望路径的大小,从而决策出无人驾驶机器人转向机械手的转角;无人驾驶机器人车辆速度跟踪控制器通过比较车辆实际车速(CARSIM 输出端口反馈的信息)和期望车速的大小,从而决策出油门和制动机械腿的开度;换挡策略控制模块根据当前车辆车速、油门开度以及车辆挡位信息即可决策出车辆下一时刻的挡位以及离合器状态。

因此车辆路径跟踪控制器可决策出转向机械手的驾驶命令,速度跟踪控制器可决策出油门/制动机械腿的驾驶命令,而换挡策略控制模块可决策出换挡机械手和离合机械腿的驾驶命令。将以上驾驶命令转换为各电机所需的期望位置信息,电机位置伺服控制系统可使无人驾驶机器人 ADAMS 模型运动到规定的位置,ADAMS 模型的输出即可转换为相应的驾驶命令(挡位信息、踏板开度及方向盘转角)输入到 CARSIM 软件的输入端口,CARSIM 模型的输出信息为车辆当前运动状态(如车辆位置坐标、侧向加速度、航向角、车辆纵向速度和侧向速度等),车辆当前运动状态可反馈至各个控制器中,从而组成电磁直驱无人驾驶机器人车辆路径及速度闭环控制模型。

7.2.2　无人驾驶机器人车辆解耦控制联合仿真

利用 SIMULINK 软件与 ADAMS 软件的接口实现电磁直驱无人驾驶机器人机械系统和电控系统的联合仿真,并充分利用 SIMULINK 软件与车辆动力学软件 CARSIM 软件的通信接口,实现融合无人驾驶机器人机械系统、控制系统以及车辆模型的 ADAMS/SIMULINK/CARSIM 软件的联合仿真。通过上述操作即可实现无人驾驶机器人车辆路径和车速解耦控制的 ADAMS/SIMULINK/CARSIM 的联合仿真。

　　本书的仿真路径为图 7.15 所示的期望车辆路径,该路径包含直线运动、三个不同转弯半径的弯道以及两个不同曲率的连续转弯运动,其中三个弯道的转弯半径分别为 $R=15\text{m}$、$R=20\text{m}$ 和 $R=25\text{m}$,两个连续转弯运动的曲率分别为 1/200 和 1/120。该仿真路径包括车辆在城市道路行驶时可能遇到的各种路况,仿真结果可考察无人驾驶机器人车辆的直线保持能力、转向能力(不同转弯半径)和连续转弯能力,因此仿真路径具有代表性。

　　无人驾驶机器人车辆路径跟踪及其跟踪的侧向位移偏差如图 7.15 和图 7.16 所示,可知通过引入车速反馈来不断更新车辆的侧向加速度增益 G_{ay},从而实现车辆运动的解耦控制,可使无人驾驶机器人车辆的预期路径跟踪的最大瞬时误差为 0.3m 左右,平均误差为 0.1m;而未解耦控制(即未考虑车辆纵向运动速度对横向转向运动的影响)的最大瞬时跟踪误差为 0.75m,平均误差 0.3m,车辆路径解耦控制其跟踪误差有很大程度上的降低。

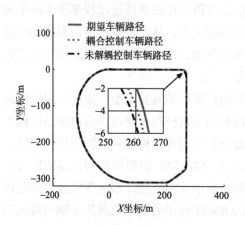

图 7.15　无人驾驶机器人车辆路径跟踪

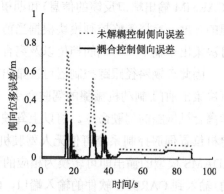

图 7.16　无人驾驶机器人车辆侧向位移偏差

　　车辆路径解耦控制和未解耦控制无人驾驶机器人转向机械手转角(即方向盘转角)如图 7.17 所示。从图 7.17 可知,车辆路径未解耦控制其方向盘转角波动较大,主要原因是未解耦控制的侧向加速度增益 G_{ay} 设定为定值,而实际上车辆转向过程 G_{ay} 有较大变化,因此未解耦路径控制器不能保持控制系统稳定,其需要不断大幅度调节方向盘转角来实现路径跟踪。

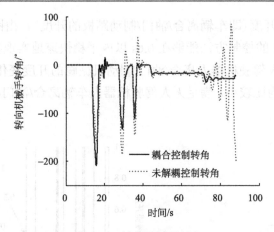

图 7.17　转向机械手转角

本书设计的无人驾驶机器人车辆车速控制模块可以实现车速的精确控制，本书将之与普通 PID 控制器进行对比。车辆速度跟踪及跟踪误差如图 7.18 和图 7.19所示，由图 7.18 和图 7.19 可知利用 PID 控制车辆的预期车速跟踪的最大瞬时误差为 2km/h，而本书所采用的模糊免疫 PID 控制方法的跟踪误差只有 1km/h，其车速跟踪误差降低的主要原因是模糊免疫 PID 控制方法弥补了常规 PID 控制无法在线调整控制参数的缺点，因此本书提出的控制方法可适应于不同种类和结构车辆的具体要求。

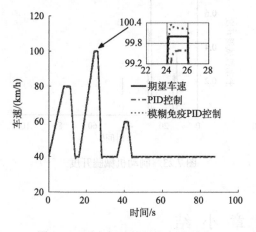

图 7.18　无人驾驶机器人车速跟踪

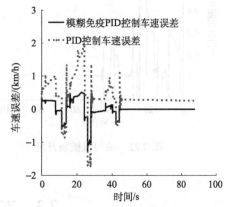

图 7.19　无人驾驶机器人车速跟踪误差

图 7.20 为实现指定车速跟踪所需无人驾驶机器人换挡机械手操纵换挡手柄所达到的挡位；图 7.21~图 7.23 为实现指定车速跟踪所需无人驾驶机器人离合/油

门/制动机械腿的开度(即车辆离合/油门/制动踏板的开度)。由图 7.20 和图 7.21
可知,本书所设计的控制方法能够在 0.6s 以内平稳快速地实现换挡;由图 7.21~
图 7.23 可知,无人驾驶机器人离合/油门/制动机械腿的开度变化比较平稳,其幅
值波动和震荡量均比较小,满足无人驾驶机器人车辆离合/油门/制动踏板的操纵
特性。

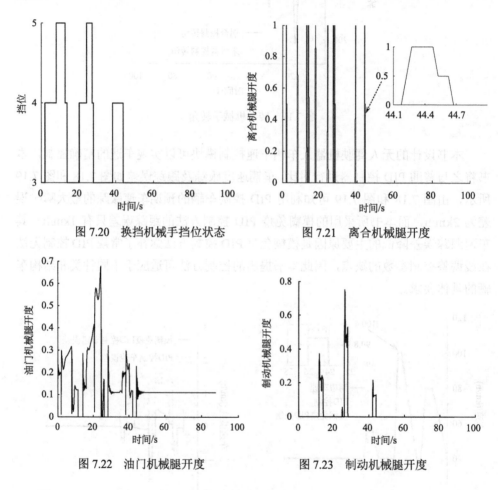

　　　　图 7.20　换挡机械手挡位状态　　　　　　　　图 7.21　离合机械腿开度

　　　　图 7.22　油门机械腿开度　　　　　　　　　　图 7.23　制动机械腿开度

7.3　本章小结

　　本章首先设计了电磁直驱无人驾驶机器人车辆模糊免疫 P 路径跟踪控制器,
控制无人驾驶机器人转向机械手操纵车辆方向盘转动预期转角,实现了电磁直驱
无人驾驶机器人车辆路径的精确跟踪;然后设计了模糊免疫 PID 速度跟踪控制器,

根据统一油门开度来控制制动/油门机械腿下压制动/油门踏板的开度，实现了电磁直驱无人驾驶机器人车辆速度的精确跟踪；接着通过引入速度反馈来不断更新车辆的侧向稳态增益，实现了车辆方向与速度的解耦控制；最后实现了融合无人驾驶机器人机械系统、控制系统和车辆动力学模型的联合仿真，联合仿真结果可知电磁直驱无人驾驶机器人车辆路径的最大瞬时跟踪误差为 0.3m，平均误差为0.1m，车速的最大瞬时误差为 1km/h，满足了电磁直驱无人驾驶机器人车辆系统性能要求。

第8章 总结与展望

8.1 全书总结

本书以国家自然科学基金面上项目"电磁直驱无人驾驶机器人动力学特性及协调控制机理研究"、国家自然科学基金青年科学基金项目"电磁驱动无人驾驶机器人多场耦合机理及仿生集成优化研究"、中国博士后科学基金项目"基于多场耦合的直线电磁驱动驾驶机器人集成优化研究"、江苏省六大人才高峰计划项目"电磁直驱驾驶机器人机械手结构动力学拓扑优化及控制研究"等为背景,在 DNC-1 全气动驾驶机器人、DNC-2 气电混合驱动驾驶机器人和 DNC-3 全伺服电动驾驶机器人,以及目前国内外驾驶机器人技术的研究基础上,探讨了 DNC-4 电磁直驱无人驾驶机器人的若干关键技术和应用基础问题。主要研究了电磁直驱无人驾驶机器人总体系统设计、无人驾驶机器人动态特性及智能优化、无人驾驶机器人电磁直驱控制、车辆性能自学习、无人驾驶机器人智能换挡控制、无人驾驶机器人多机械手协调控制、无人驾驶机器人车速跟踪智能控制策略、电磁直驱无人驾驶机器人车辆路径及速度解耦控制。全书的主要贡献和创新如下:

(1)根据无人驾驶机器人各执行机构结构特点,分别推导了其运动学方程和动力学方程,并分析了无人驾驶机器人各执行机构的动态特性,仿真结果表明无人驾驶机器人换挡机械手和油门/制动/离合机械腿的结构需要进行进一步优化设计从而提高其动态特性;在此基础上,利用模拟退火粒子群算法优化了无人驾驶机器人换挡机械手和各机械腿结构尺寸,优化结果表明无人驾驶机器人换挡机械手的换挡轨迹误差降低至 2mm 以内,驾驶机械腿末端运动一定位移时其所需电磁直线执行器的动子行程有很大程度降低,优化之后的无人驾驶机器人换挡机械手和机械腿的动态特性得到了提高,验证了基于模拟退火粒子群算法的无人驾驶机器人结构尺寸智能优化策略的有效性。

(2)根据电磁执行器的结构与工作原理,搭建了电磁执行器数学模型和三环闭环控制模型,仿真结果表明所设计的控制策略能够精确地实现电磁执行器位置跟踪控制;并在此基础上,实现了电磁直驱无人驾驶机器人机械系统和驱动控制系统的联合仿真,联合仿真表明电磁执行器能够快速准确地驱动无人驾驶机器人各执行机构完成规定的驾驶动作,实现了无人驾驶机器人电磁直驱控制。

　　(3)为了实现无人驾驶机器人挡位决策的智能化，提出了一种无人驾驶机器人模糊神经网络换挡控制方法。网络模型的输入为无人驾驶机器人油门机械腿的位移、试验车辆的车速和试验车辆的加速度，网络模型的输出为挡位。仿真结果表明，无人驾驶机器人换挡模糊神经网络控制仿真挡位与试验挡位基本保持一致，该方法可根据操作工况环境实现正确的无人驾驶机器人挡位控制。

　　(4)为了缩短无人驾驶机器人在不同车况下以及对不同车型的适应性调整时间，提出了一种用于无人驾驶机器人的车辆性能自学习方法。对影响驾驶机器人驾驶行为的不同车型车辆尺寸和车辆性能参数进行自学习，对因长时间驾驶引起的控制参数变化进行在线优化，以补偿长时间试验过程中车辆零部件的磨损。试验结果表明，提出的方法实现了驾驶机器人的自学习、自校正、自补偿，提高了驾驶机器人对不同车型和不同车况的自适应能力。

　　(5)为了实现无人驾驶机器人油门机械腿、离合机械腿、制动机械腿和换挡机械手的综合协调控制，最终实现对预先设定的循环行驶工况的车速跟踪，建立了无人驾驶机器人递阶控制模型，提出了一种无人驾驶机器人多机械手协调控制方法，设计了油门/离合器协调控制器和油门/制动器切换控制器。试验结果表明，提出的方法能合理协调控制无人驾驶机器人换挡机械手和油门、制动、离合机械腿，使驾驶机器人可以模拟一个熟练驾驶员的手脚协调操作能力。

　　(6)针对传统 PID 控制在用于无人驾驶机器人时存在的不足，为了实现驾驶机器人对给定循环行驶工况的车速跟踪，提出了用于无人驾驶机器人车速跟踪的智能控制方法：模糊控制、神经网络控制和模糊神经网络控制。仿真及试验结果表明，车速跟踪模糊控制方法具有良好的实时性和较强的抗干扰能力，在用于驾驶机器人车速跟踪控制时在线的计算量是很少的，能够满足实时控制的要求，但模糊控制规则及隶属度函数比较难以获得；车速跟踪神经网络控制方法收敛速度快，具有很强的自学习能力，但神经网络对语言信息的处理比较欠缺，不能利用已有的驾驶员的经验知识；车速跟踪模糊神经网络控制方法既具有模糊控制善于利用专家语言信息的优点，又具备神经网络控制强大的自学习能力的优点，明显提高了驾驶机器人车速跟踪的精度，能精确跟踪给定的目标车速，驾驶机器人达到了熟练驾驶员的驾驶水平。

　　(7)针对无人驾驶机器人车辆在复杂交通道路上安全行驶需对其车辆运动进行精确控制，设计了电磁直驱无人驾驶机器人车辆的模糊免疫 P 路径跟踪控制器和模糊免疫 PID 速度跟踪控制器，实现了电磁直驱无人驾驶机器人车辆路径及速度的精确跟踪；通过引入速度反馈来不断更新车辆的侧向稳态增益，实现了车辆路径与速度的解耦控制；实现了融合无人驾驶机器人机械系统、控制系统和车辆动力学模型的联合仿真，联合仿真结果表明电磁直驱无人驾驶机器人车辆路径的最大瞬时跟踪误差为 0.3m，平均误差 0.1m，车速的最大瞬时误差为 1km/h，满足了电磁直驱无人驾驶机器人车辆系统性能要求。

8.2　研　究　展　望

尽管本书已对电磁直驱无人驾驶机器人动态特性及智能优化、电磁直驱控制方案、车辆性能自学习、智能换挡控制、多机械手协调控制、车速跟踪智能控制策略、车辆路径及速度解耦控制等若干关键技术和问题进行了比较深入的研究，但是由于涉及的内容较多，加上试验条件的限制，还需要开展进一步的研究，主要包括以下几个方面：

（1）本书利用模拟退火粒子群算法优化了无人驾驶机器人各执行机构的结构尺寸，提高了无人驾驶机器人的动态特性，但其动态特性还有进一步优化的空间，未来有待进一步研究其他智能优化方法的组合优化方法，从而进一步提高无人驾驶机器人的动态特性。

（2）在搭建电磁执行器的数学模型时，对其进行了一些理想化的假设，在一些方面对电磁执行器及控制系统进行了等效处理，在仿真建模过程中进行了必要的简化，所搭建的电磁执行器及其控制模型的准确性有待提高。

（3）进一步对无人驾驶机器人性能自学习进行深入的研究，提高移植学习结果到相似车辆、相似底盘测功机、相似驾驶机器人的能力。

（4）结合电磁直驱无人驾驶机器人各操纵机构的动态特性，研究不同驾驶风格、不同驾驶行为和不同驾驶习惯对系统整体性能的影响，分析不同驾驶风格、不同驾驶行为、不同驾驶习惯和不同行驶工况下的驾驶操纵策略，揭示融合驾驶员驾驶行为特性的电磁直驱无人驾驶机器人多机械手多模态仿人智能协调控制机理。

（5）开展无人驾驶机器人道路试验研究，还有待开展电磁直驱无人驾驶机器人车辆的路径规划、速度规划、道路环境识别及导航定位等方面的研究工作，使电磁直驱无人驾驶机器人未来能够操纵军民两用车辆在各种复杂行车环境进行自动驾驶。

参 考 文 献

[1] Chen G, Zhang W G. Hierarchical coordinated control method for unmanned robot applied to automotive test[J]. IEEE Transactions on Industrial Electronics, 2016, 63 (2) : 1039-1051.

[2] Leandro C F, Jefferson R S, Gustavo P, et al. Carina intelligent robotic car: architectural design and applications[J]. Journal of Systems Architecture, 2014, 60 (4) : 372-392.

[3] Nicholas W, Christopher C, Karl S, et al. Development of a robotic driver for autonomous vehicle following[J]. International Journal of Intelligent Systems Technologies and Applications, 2010, 8 (1-4) : 276-287.

[4] Benedikt A, Elias H, Ferdinand S. Second order sliding modes control for rope winch based automotive driver robot[J]. International Journal of Vehicle Design, 2013, 62 (2-4) : 147-164.

[5] Shen X B, Yao Z L, Huo H, et al. PM2.5 emissions from light-duty gasoline vehicles in Beijing, China[J]. Science of the Total Environment, 2014, 487: 521-527.

[6] 牛喆. 用于排放试验的车辆自动驾驶机器人的结构特性分析[D]. 太原: 太原理工大学, 2013.

[7] Iori K, Ryo T, Shintaro N, et al. Achievement of recognition guided operation driving system for humanoid robots with vehicle path estimation[C]. IEEE-RAS International Conference on Humanoid Robots, 2015: 670-675.

[8] Antonio P, Andrea C, Franc K, et al. Toward autonomous car driving by a humanoid robot: a sensor-based framework [C]. IEEE-RAS International Conference on Humanoid Robots, 2014: 451-456.

[9] Christopher R, Kiwon S, Qiaosong W, et al. Perception and control strategies for driving utility vehicles with a humanoid robot [C]. IEEE/RSJ International Conference on Intelligent Robots and Systems, 2014: 973-980.

[10] Leandro C F, Jefferson R S, Gustavo P, et al. Carina intelligent robotic car: architectural design and applications [J]. Journal of Systems Architecture, 2014, 60 (4) : 372-392.

[11] Andreas B, Burkhard W, Heiko B. Safety, security, and rescue missions with an unmanned aerial vehicle (UAV) aerial mosaicking and autonomous flight at the 2009 European Land Robots Trials (ELROB) and the 2010 Response Robot Evaluation Exercises (RREE) [J]. Journal of Intelligent & Robotic Systems, 2011, 64 (1) : 57-76.

[12] 国家自然科学基金委员会工程与材料科学部. 机械工程学科发展战略报告: 2011-2020 [M]. 北京: 科学出版社, 2010: 49-106.

[13] 陈刚. 汽车驾驶机器人智能控制及其半实物仿真平台研究[D]. 南京: 东南大学, 2010.

[14] 龚宗洋. 汽车排放耐久性试验用驾驶机器人关键技术及性能评价研究[D]. 南京: 东南大学, 2010.

[15] 陈晓冰. 基于驾驶机器人的室内汽车排放耐久性试验系统的研究与工程实现[D]. 南京: 东南大学, 2005.

[16] 陈刚, 张为公, 龚宗洋, 孙伟. 汽车驾驶机器人系统的研究进展[J]. 汽车电器[J]. 2009(7): 16-20.

[17] 陈刚, 张为公, 龚宗洋, 赵马泉. 汽车试验用驾驶机器人系统的研究[J]. 测控技术, 2009, 28(7): 38-40.

[18] 薛金林, 张为公, 龚宗洋. 汽车驾驶机器人关键技术及发展[J]. 机器人技术与应用, 2007(3): 36-40.

[19] 陈刚. 电磁驱动汽车驾驶机器人关键技术研究[R]. 南京: 南京理工大学, 2013.

[20] Chen G, Zhang W G. Design of prototype simulation system for driving performance of electromagnetic unmanned robot applied to automotive Test[J]. Industrial Robot-An International Journal, 2015, 42(1): 74-82.

[21] Chen G, Zhang W G, Zhang X N. Speed tracking control of vehicle robot driver system using multiple sliding surface control schemes[J]. International Journal of Advanced Robotic Systems, 2013(10): 1-9.

[22] Chen G, Zhang W G, Zhang X N. Fuzzy neural control for unmanned robot applied to automotive test[J]. Industrial Robot-An International Journal, 2013, 40(5): 450-461.

[23] 黄开胜, 张尧, 卓晴. 一种汽车自动驾驶机器人[P]. 中国发明专利: 201410174404.2, 2014.4.28.

[24] 石柱, 张文, 胡可凡, 等. 自动驾驶机器人[P]. 中国发明专利: 201110247651.7, 2011.8.25.

[25] 刘坤明, 徐国艳, 余贵珍. 驾驶机器人机械腿动力学建模与仿真分析[J]. 北京航空航天大学学报, 2016, 42(8): 1709-1714.

[26] 田体先. 汽车试验用驾驶机器人的研究[D]. 哈尔滨: 哈尔滨工业大学, 2010.

[27] 马志雄, 张文洋, 郑月娥, 等. 一种用于汽车试验的高性能自主驾驶机器人[P]. 中国发明专利: 201420450442.1, 2015.04.

[28] 陈弘, 李伟, 乔胜华. 用于汽车试验的驾驶机器人[P]. 中国发明专利: 201110264909.4, 2011.9.7.

[29] Duchon F, Hubinsky P, Hanzel J. Intelligent vehicles as the robotic applications[J]. Procedia engineering, 2012, 48(2): 105-114.

[30] 杨明. 无人自动驾驶车辆研究综述与展望[J]. 哈尔滨工业大学学报, 2006, 38(增刊): 1259-1262.

[31] Niu Z G, Wang L L. Three-dimensional motion simulation of robot driver [C]. International Conference on Measuring Technology and Mechatronics Automation, Hunan, China, 2009: 420-423.

[32] 余贵珍, 俞志华, 康乐. 一种用于车辆道路试验的自动驾驶机器人[P]. 中国发明专利: 201110261026.8, 2011.09.05.

[33] 景日, 张友坤. 一种用汽车同步器试验台换挡机械手及其控制[P]. 中国发明专利: 201410797965.1, 2014.12.19.

[34] 陈刚, 张为公. 电磁驱动汽车驾驶机器人[P]. 中国发明专利: 201310361723.X, 2013.08.19.

[35] Chen G, Zhang W G. Digital prototyping design of electromagnetic unmanned robot applied to automotive test[J]. Robotics and Computer-Integrated Manufacturing, 2015 (32): 54-64.

[36] Heras F, Morgado A, Marques-Silva J. Core-guided binary search algorithms for maximum satisfy ability[C]. Proceedings of the National Conference on Artificial Intelligence, 2011: 36-41.

[37] Haltas A, Alkan A, Karabulut M. Performance analysis of heuristic search algorithms in text classification [J]. Journal of the Faculty of Engineering and Architecture of Gazi University, 2015, 30 (3): 417-427.

[38] 张雷. 基于启发式搜索的最优规划算法研究[D]. 南京: 南京大学, 2014.

[39] Ajith P M, HusainT M A, Sathiya P, et al. Multi-objective optimization of continuous drive friction welding process parameters using response surface methodology with intelligent optimization algorithm[J]. Journal of Iron and Steel Research (International), 2015, 22 (10): 954-960.

[40] 匡芳君. 群智能混合优化算法及其应用研究[D]. 南京: 南京理工大学, 2014.

[41] Khalil A M E, Fateen S E K, Petriciolet A B. MAKHA-A new hybrid swarm intelligence global optimization algorithm [J]. Algorithms, 2015, 8 (2): 336-365.

[42] Byeonghun N, Hyunjin C, Kyoungchul K. Design of a direct-driven linear actuator for a high-speed quadruped robot, cheetaroid-I[J]. IEEE/ASME Transactions on Mechatronics, 2015, 20 (2): 924-933.

[43] Nakata Y, Ide A, Nakamura Y, et al. Hopping by a mono pedal robot with a biarticular muscle by compliance control-an application of an electromagnetic linear actuator[J]. Journal of Robotics and Mechatronics, 2013, 25 (1): 106-114.

[44] Meessen K J, Paulides J J H, Lomonova E A. Analysis of a novel magnetization pattern for 2-DoF rotary-linear actuators[J]. IEEE Transactions on Magnetics, 2012, 48 (11): 3867-3870.

[45] Dasdemir J, Zergeroglu E. A new continuous high-gain controller scheme for a class of uncertain nonlinear systems[J]. International Journal of Robust and Nonlinear Control, 2013, 25 (1): 2218-2222.

[46] Oniz Y, Kaynak O. Control of a direct drive robot using fuzzy spiking neural networks with variable structure systems-based learning algorithm[J]. Neurocomputing, 2015, 149 (PB): 690-699.

[47] 唐国明. 无人驾驶汽车半物理仿真系统的设计[D]. 合肥: 中国科学技术大学, 2012.

[48] Sailer S, Buchholz M, Dietmayer K. Driveaway and braking control of vehicle with manual transmission using a robotic driver [C]. Proceedings of the IEEE International Conference on Control Applications, Hyderabad, India, 2013: 235-240.

[49] Sailer S, Buchholz M, Dietmayer K. Flatness based velocity tracking control of a vehicle on a roller dynamometer using a robotic driver [C]. Proceedings of the 50th IEEE Conference on Decision and Control, Orlando, USA, 2011: 7962-7967.

[50] 贺红林, 占晓煌, 刘文光, 等. 直接驱动机器人自适应-PD 复合运动控制研究[J]. 农业机械学报, 2014, 45 (5): 271-277.

[51] Thanok S. Design of an adaptive PD controller with dynamic friction compensation for direct-drive SCARA robot[C]. International Electrical Engineering Congress (iEECON), 2014: 1-4.

[52] Ibrahim B S K K, Ngadengon R, Ahmad M N. Genetic algorithm optimized integral sliding mode control of a direct drive robot arm[C]. International Conference on Control, Automation and Information Sciences (ICCAIS), 2012: 328-333.

[53] Brown C Y, Vogtmann D E, Bergbreiter S. Efficiency and effectiveness analysis of a new direct drive miniature quadruped robot [C]. IEEE International Conference on Robotics and Automation, Karlsruhe, Germany, 2013: 5631-5637.

[54] Chavez-olivares C, Reyes-cortes F, Gonzalez-Galvan E, et al. Experimental evaluation of parameter identification schemes on an anthropomorphic direct drive robot[J]. Proceedings of the Institution of Mechanical Engineers Part I: Journal of Systems and Control, 2012, 226(10):1419-1431.

[55] Nakata Y, Ide A, Nakamura Y, et al. Hopping by a monopedal robot with a biarticular muscle by compliance control-an application of an electromagnetic linear actuator [J]. Journal of Robotics and Mechatronics, 2013, 25(1): 106-114.

[56] Hamelin P, Bigras P, Beaudry J, et al. Discrete-time state feedback with velocity estimation using a dual observer: application to an underwater direct-drive grinding robot [J]. IEEE/ASME Transactions on Mechatronics, 2012, 17(1): 187-191.

[57] 张卫忠. 基于仿人智能控制的汽车地面车辆自动驾驶系统研究[D]. 合肥: 中国科学技术大学, 2014.

[58] Zhang W Z, Chen G, Hu L M, et al. Research of vehicle trajectory tracking based on human-simulated intelligent control[C]. Machinery, Materials Science and Engineering Applications, 2014: 375-379.

[59] 凌锐. 仿优秀驾驶员行为的无人驾驶车辆转向控制研究[D]. 南京: 南京航空航天大学, 2012.

[60] Qin W J, Xu Y C, Li M X, et al. Trajectory tracking control of unmanned ground vehicle based on the two-degree-freedom model[J]. Journal of Military Transportation University, 2014(11): 131-137.

[61] 杨琼琼, 孔斌, 朱勇军. 辅助实现机器人驾驶车辆的研究与仿真[J]. 计算机系统应用, 2014(12): 154-159.

[62] Zhu Y, Xu X X. Steering control algorithm for intelligent vehicle based on support vector machine[J]. Journal of Convergence Information Technology, 2012, 7(22): 593-599.

[63] Qu T, Chen H, Ji Y, et al. Modeling driver steering control based on stochastic model predictive control[C]. IEEE International Conference on Systems, Man, and Cybernetics, 2013: 3704-3709.

[64] 陈晓冰, 张为公, 张丙军. 汽车驾驶机器人车速跟踪控制策略研究[J]. 中国机械工程, 2005, 16(18): 1669-1673.

[65] Chen G, Zhang W G. Control method for electromagnetic unmanned robot applied to

automotive test based on improved smith predictor compensator[J]. International Journal of Advanced Robotic Systems, 2015, 12: 1-9.

[66] 熊波, 曲仕茹. 基于模糊控制的智能车辆自主行驶方法研究[J]. 交通运输系统工程与信息, 2010, 10(2): 70-75.

[67] Chen G, Zhang W G. Fuzzy neural network-based shift control method of electromagnetic unmanned robot applied to automotive test[J]. IMechE. Part I: Journal of Systems and Control Engineering, 2015, 29(8): 751-760.

[68] 时国平, 刘赣伟. 工业机器人示教盒系统的设计[J]. 兵工自动化, 2006, 25(5): 49-50.

[69] 逄启寿. 工业机器人示教盒系统的设计[J]. 自动化与仪器仪表, 2006(2): 20-21.

[70] Tian B Q, Yu J C, Zhang A Q. Lagrangian dynamic modeling of wave-driven unmanned surface vehicle in three dimensions based on the D-H approach[C]. IEEE International Conference on Cyber Technology in Automation, Control and Intelligent (IEEE-CYBER), 2015: 1253-1258.

[71] Andrea B. Design of a controller for stabilization of spherical robot's sideway oscillations[C]. IEEE/ASME International Conference on Mechatronic and Embedded Systems and Applications (MESA), 2016: 484-489.

[72] Irfan J, Jasmin V. Particle swarm optimization-based method for navigation of mobile robot in unstructured static and time-varying environments[C]. International Conference on Control and Fault-tolerant Systems (SysTol), 2016: 59-66.

[73] Sikandar H, Zareena K. Mobile robot path planning for circular shaped obstacles using simulated annealing[C]. International Conference on Control, Automation and Robotics (ICCAR), 2015: 69-73.

[74] 王书华. 永磁直线无刷直流电动机设计及调速系统研究[D]. 焦作: 河南理工大学, 2009.

[75] 赵成. 螺杆泵直驱无刷直流电机及其控制系统设计研究[D]. 哈尔滨: 哈尔滨理工大学, 2012.

[76] 殷云华, 郑宾, 郑浩鑫. 一种基于 Matlab 的无刷直流电机控制系统建模仿真方法[J]. 系统仿真学报, 2008, 20(2): 293-298.

[77] Wang Y B, Li K, Zhou H P, et al. Dynamic analysis and co-simulation ADAMS-SIMULINK for a space manipulator joint[C]. International Conference on Fluid Power and Mechatronics (FPM), 2015: 984-989.

[78] 陈刚, 张为公, 龚宗洋, 等. 用于汽车驾驶机器人的车辆性能自学习方法[J]. 中国机械工程, 2010, 21(4): 491-495.

[79] GB 18352.3—2005, 轻型汽车污染物排放限值及测量方法(中国III、IV阶段) [S]. 北京: 中国标准出版社, 2005.

[80] 陈刚, 张为公, 常思勤. 汽车驾驶机器人模糊神经网络换挡控制方法[J]. 农业机械学报, 2011, 42(6): 6-11.

[81] 陈刚, 张为公, 龚宗洋, 孙伟, 赵马泉. 汽车驾驶机器人多机械手协调控制研究[J]. 仪器仪表学报, 2009, 30(9): 1836-1840.

[82] 陈刚, 张为公, 龚宗洋, 孙伟. 用于驾驶机器人的车速跟踪多机械手协调控制方法[J]. 中国机械工程, 2010, 21(6): 651-655.

[83] 陈刚, 张为公, 常思勤. 汽车驾驶机器人模糊车速跟踪控制方法[J]. 南京理工大学学报(自然科学版), 2012, 36(2): 226-231.

[84] 陈刚, 张为公. 基于模糊自适应 PID 的汽车驾驶机器人的车速控制[J]. 汽车工程, 2012, 34(6): 511-516.

[85] 陈刚, 张为公. 汽车驾驶机器人车速跟踪神经网络控制方法[J]. 中国机械工程, 2012, 23(2): 240-243.

[86] Mitra S, Hayashi Y. Neuro-fuzzy rule generation: survey in soft computing framework[J]. IEEE Transactions on Neural Networks, 2000, 11(3): 748-768.

[87] 智恒阳, 余俊. 浅谈智能网联汽车政策法规体系建设[J]. 汽车技术, 2016(4): 53-56.

[88] Guo K H, Ding H T, Zhang J W, et al. Development of a longitudinal and lateral driver model for autonomous vehicle control[J]. International Journal of Vehicle Design, 2004, 36(1): 50-65.

[89] 秦万军, 徐友春, 李明喜, 耿帅, 李欣莹. 基于二自由度模型的无人驾驶车辆轨迹跟踪控制研究[J]. 军事交通学院学报, 2014, 16(11): 31-35.

[90] 叶莲. 基于免疫算法的分类方法及其应用研究[D]. 重庆: 重庆大学, 2012.

[91] 管欣, 崔文锋, 贾鑫. 车辆纵向速度分相控制[J]. 吉林大学学报, 2013, 43(2): 273-277.

编 后 记

　　《博士后文库》(以下简称《文库》)是汇集自然科学领域博士后研究人员优秀学术成果的系列丛书。《文库》致力于打造专属于博士后学术创新的旗舰品牌，营造博士后百花齐放的学术氛围，提升博士后优秀成果的学术和社会影响力。

　　《文库》出版资助工作开展以来，得到了全国博士后管委会办公室、中国博士后科学基金会、中国科学院、科学出版社等有关单位领导的大力支持，众多热心博士后事业的专家学者给予积极的建议，工作人员做了大量艰苦细致的工作。在此，我们一并表示感谢！

《博士后文库》编委会